土木工程结构研究新进展丛书

钢框架梁柱抗震节点
试验研究和有限元分析实例

The Experiment and Finite Element Instance of
Anti-Seismic Beam-Column Connection of Steel Frame

张艳霞　编著

U0296311

中国建筑工业出版社

图书在版编目（CIP）数据

钢框架梁柱抗震节点试验研究和有限元分析实例/张
艳霞编著．—北京：中国建筑工业出版社，2014.11
（土木工程结构研究新进展丛书）
ISBN 978-7-112-17193-4

Ⅰ.①钢… Ⅱ.①张… Ⅲ.①钢梁-框架梁-抗震结
构-节点分析　Ⅳ.①TU398

中国版本图书馆 CIP 数据核字（2014）第 194121 号

本书根据试验研究结果，系统地阐述钢结构梁柱抗震节点各种改进方式的优势与不足，同时书中给出 ABAQUS 有限元分析实例，对比试验结果。全书共分 5 章，第 1 章绪论、第 2 章钢框架梁柱 T 字形抗震节点试验研究、第 3 章钢框架梁柱 T 字形抗震节点非线性有限元分析、第 4 章钢框架梁柱十字形抗震节点试验研究及非线性有限元分析、第 5 章框架梁柱十字形抗震节点 ABAQUS 非线性有限元分析实例。本书可供科研教学人员、工程技术人员和相关专业在读研究生阅读参考。

* * *

责任编辑：王　梅　武晓涛
责任设计：张　虹
责任校对：李欣慰　刘　钰

土木工程结构研究新进展丛书
钢框架梁柱抗震节点试验研究和有限元分析实例
The Experiment and Finite Element Instance of
Anti-Seismic Beam-Column Connection of Steel Frame
张艳霞　编著

*

中国建筑工业出版社出版、发行（北京西郊百万庄）
各地新华书店、建筑书店经销
北京红光制版公司制版
北京建筑工业印刷厂印刷

*

开本：787×1092 毫米　1/16　印张：10　字数：245 千字
2015 年 2 月第一版　　2015 年 2 月第一次印刷
定价：**28.00** 元
ISBN 978-7-112-17193-4
（25978）

前　言

　　1994 年美国北岭地震和 1995 年日本阪神地震后，大量钢结构梁柱节点出现了脆性破坏，引起了国内外学者和工程师对于传统钢结构梁柱节点抗震性能的重新认识和思考。为了解决这一问题，需要对传统钢框架梁柱节点进行改进，将梁端塑性铰外移保护梁柱焊缝进而避免脆性破坏成为国内外学者关于钢框架梁柱节点改进的主要思想。

　　本书作者对该领域进行了多年的研究，先后对钢框架梁柱加强型、削弱型及加强和削弱并用等改进型抗震节点进行了 T 字形节点和十字形节点两次足尺试验研究。利用 ABAQUS 有限元软件对所有节点试验过程进行了分析模拟，分析结果与试验结果较为吻合。书中系统地阐述和总结了钢结构梁柱抗震节点各种改进方式的优势与不足及研究现状，为工程应用提供参考。同时书中给出了 ABAQUS 有限元分析实例，供广大工程技术人员、科研人员和研究生参考。全书共分 5 章，第 1 章绪论、第 2 章钢框架梁柱 T 字形抗震节点试验研究、第 3 章钢框架梁柱 T 字形抗震节点非线性有限元分析、第 4 章钢框架梁柱十字形抗震节点试验研究及非线性有限元分析、第 5 章框架梁柱十字形抗震节点 ABAQUS 非线性有限元分析实例。

　　本书中的研究工作先后得到了“北京市教委科技面上项目（项目编号：KM200710016003）”、“北京市科技计划项目（项目编号：Z121110002912106）”、“北京市属市管高等学校人才强教计划－工程结构抗震新技术研究学术创新团队项目（项目编号：PHR200907126）”的支持，特此致谢！并感谢北京建筑大学结构实验室、工程结构与新材料北京市高等学校工程研究中心吴徽、韩青、唱锡麟、苏丹、张国伟、杜红凯和陈嵘老师提供的支持与帮助！

　　作者已毕业研究生王路遥为本书 T 字形节点的试验和有限元分析做了大量工作，特在此表示衷心感谢！研究生李瑞为十字形节点有限元分析、有限元分析实例及全书校对修改做了大量工作，研究生孙文龙、赵微、刘景波为十字形节点试验做了较多的工作，研究生陈媛媛、赵文占、李佳睿为本书文献检索、插图和有限元分析实例也做了较多工作，在此一并表示由衷的谢意！

　　由于作者水平有限，书中肯定存在许多不足之处，敬请读者批评指正。

张艳霞

2014 年 3 月于北京建筑大学

目　　录

第1章 绪 论

1.1 地震灾害和传统钢框架梁柱刚性节点形式

我国地处环太平洋地震带和地中海-喜马拉雅地震带上，地震活动频繁，汶川和玉树等地震给我国带来了惨痛的教训。因此，提高房屋结构的抗震能力，是我们结构工程师和学者义不容辞的责任。以首都北京为例，北京新建的高层和超高层建筑如国贸三期、中央电视台新址、北京电视台新址，体育场馆如国家体育馆、鸟巢，北京各大医院如北京医院新病房楼、中国人民解放军总医院、北京协和医院、人民医院新楼等医院建筑和即将建设的第一高楼中国尊均采用钢结构体系（包括钢结构和钢－混凝土混合结构体系），以增强结构的抗震能力。然而回顾1994年美国的北岭地震、1995年的阪神地震，钢结构节点在地震下会出现脆性破坏，即延性好的钢材未必得到延性好的钢结构建筑，从而不一定取得预期的抗震效果。因此对钢结构建筑如何设计使其在高烈度设防地区充分发挥好的延性性能成为关注的焦点，而对钢结构而言，梁柱节点的连接构造是其中的重中之重。

传统的钢框架梁柱刚接节点分为两种形式[1]，第一种为栓焊混合连接，这种连接方式为梁翼缘与钢柱翼缘采用工地焊接，梁腹板与剪切板通过高强螺栓连接，剪切板与钢柱翼缘工厂焊接，如图1-1（a）所示；第二种为焊接短梁式，这种连接形式为短梁与钢柱在工厂全焊连接，短梁与框架梁在工地栓焊混合连接或全栓连接，如图1-1（b）所示。一般认为，这两种传统的刚接节点屈服后会在梁上产生塑性铰，并有能力产生至少0.02rad的塑性转角，用以在地震中消耗能量。

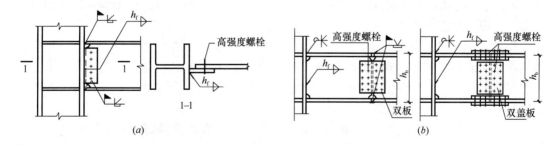

图1-1 传统的钢框架梁柱刚接节点
（a）栓焊混合连接；（b）焊接短梁式

然而，在1994年美国北岭地震后，调查发现大量的传统梁柱栓焊混合连接节点发生了脆性破坏，并没有发挥其预期的延性及耗能能力。大部分的脆性断裂始于节点梁端的下翼缘焊缝，有些裂缝贯通了整个焊缝［如图1-2（a）所示］，更有一些脆断沿焊缝方向发生在柱翼缘上［如图1-2（b）所示］。这些发现给整个工程界带来了巨大的冲击。

(a)　　　　　　　　　　　　　(b)

图 1-2　传统梁柱栓焊混合连接节点震害裂缝
(a) 下翼缘焊缝破坏；(b) 柱翼缘破坏

　　巧合的是，在一年后的同一天，日本神户市的阪神也发生了 7.2 级大地震。在这次地震中，传统钢框架梁柱刚接节点同样也没有经受住地震的考验。震害调查发现，钢框架节点的破坏主要表现在扇形切角工艺孔部位，与北岭地震震害不同的是，上述连接破坏发生时，梁翼缘已有显著屈服和局部屈曲现象。

　　我国钢框架梁柱节点依然较多采用传统刚接节点形式，抗震能力明显不足，无法经受住大地震的考验。因此，改进钢框架梁柱节点的抗震性能，进而改善钢结构的抗震性能，减轻城乡钢结构建筑的地震灾害，具有十分重要的现实意义。

1.2　传统型钢框架梁柱刚接节点脆性破坏的原因

　　北岭地震之后，美国联邦救灾总署 FEMA 等研究机构进行了大量的研究分析，总结了传统型钢框架梁柱刚接节点产生脆性破坏的几个原因：

　　1. 梁柱连接处存在较为集中的应力状态。因此，此部位成为了整个节点中最薄弱的环节。梁承受的弯矩通过梁柱翼缘的焊缝传递给柱，梁承受的剪力则通过剪力板传递给柱，但由于焊缝和剪力板的截面面积与弹性模量一般都小于梁，因此连接梁柱翼缘的焊缝就会产生较大的应力集中，引起脆性破坏的发生；

　　2. 在工地焊缝的焊接当中，由于施工环境受到限制，梁的下翼缘与柱连接的焊缝通常是通过现场俯焊完成，即焊工在梁的上翼缘进行施焊作业。这种施焊方法导致每道焊缝在焊到梁腹板处时就要中断和重新引弧，致使该部位焊缝存在较多缺陷，一旦应力在此处集中时，就会很容易发生脆断；

　　3. 由于梁柱连接基本构造的限制，导致很难对梁柱翼缘连接焊缝根部隐藏的缺陷进行检查。目前国内普遍使用超声波探伤法对焊缝质量进行检查，但其受到节点几何形状的限制，超声波探伤无法对所有部位进行全面系统检查。且通常引弧板在施焊完毕后都会留在原处，对焊根的检查也造成了影响，使得很多焊缝缺陷无法检测到，成为导致脆断的原因之一；

　　4. 在进行节点设计时，假设弯矩全部由梁的翼缘承担，剪力全部由梁的腹板承担。但是在实际受力中，由于柱发生了变形，导致梁的翼缘不仅承担了弯矩，同时还承担了剪力，使焊缝产生了很大的次应力，加之焊缝中存在很多缺陷，更加容易在此处发生脆断；

5. 为了有利于施焊，且保证焊缝在跨越腹板处保持连续，在梁的腹板上设计了焊接工艺孔。传统的焊接工艺孔为扇形，位于梁腹板与梁翼缘交接处，经机械切割后造成该处几何形状不连续，在节点受力时容易产生应力集中，造成此区域初始裂缝的产生。

除以上所述原因之外，钢材的生产、节点形式以及焊接工艺等因素，都有可能成为导致节点产生脆性破坏的原因。

1.3 国内外研究概况

北岭地震和阪神地震之后，国内外的工程师和研究学者们对钢框架梁柱节点进行了大量的试验和理论研究。实现梁柱节点的梁端塑性铰外移成为改善钢框架梁柱节点抗震性能的主要途径。塑性铰外移可以分为两种基本形式，即节点加强型和节点削弱型。两种方式的共同目的都是为了让塑性铰发生在距梁端一定距离的梁上，避免塑性铰出现在焊缝附近，以保护梁端焊缝。

（1）加强型节点

加强型节点包括梁端翼缘加盖板、加肋、加腋、加边板、扩翼等具体构造做法，如图1-3所示。

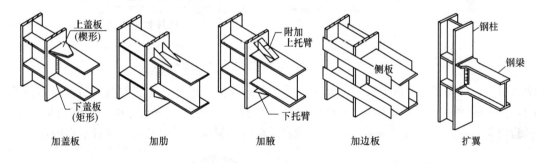

图 1-3 加强型节点

1998 年 Chia－Ming Uang 等对四个已破坏的栓焊混合节点（北岭地震前）试件在梁底加腋修复后进行了动力和静力试验，试验结果显示，加腋修复后试件在动力和静力试验下的滞回性能明显提高，能够实现塑性铰外移，提高钢框架梁柱节点的抗震性能。

2003 年 Cheol－Ho Lee 等在总结了前人对加腋型节点的研究基础之上对三个矩形加腋节点进行了低周往复实验研究。研究结果表明，矩形加腋节点能够实现塑性铰外移的设计目的，同时试验还验证了采用将矩形腋的外边缘做成斜坡或在梁腹板处与矩形腋外边缘对应的位置上设置加劲肋两种方法都可以有效保护加腋板（如图1-4所示），避免在矩形腋板端部发生脆性断裂。

2004 年 Cheng-Chih Chen 等对 6 个梁翼缘加垂直加强板节点（如图1-5所示），进行了低周往复试验以及有限元分析。试验及分析结果显示：箱形柱节点承载能力高于 H 形柱节点；翼缘上的加长肋板可显著提高节点的滞回性能，防止梁柱节点的脆性开裂；焊接工艺对连接性能至关重要，保证箱形柱内隔板的焊接质量才能确保梁上的力传递到节点。

2011 年 A. DEYLAMI 等[6]研究了箱柱与工字形梁连接节点在低周往复荷载下的性能，试件包括普通节点、单盖板型节点、双盖板型节点以及在双盖板基础上加单腋与加双

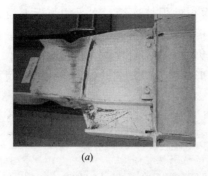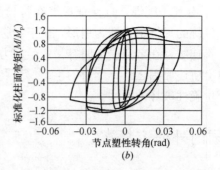

(a)　　　　　　　　　　　　　(b)

图 1-4　加矩形腋节点试验现象及结果

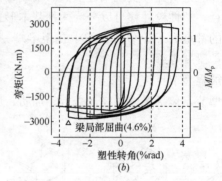

(a)　　　　　　　　　　　　　(b)

图 1-5　梁翼缘加垂直加强板节点试验及结果

腋的节点，如图 1-6 所示。试验主要研究了垂直加强板的尺寸、位置对节点抗震性能的影响，文章还利用 ABAQUS 有限元软件对节点进行了非线性有限元分析。研究结果显示，试验现象与有限元分析结果基本吻合，垂直盖板的加强作用可明显提高梁柱节点的性能。

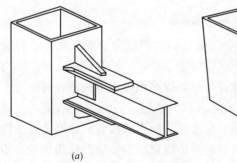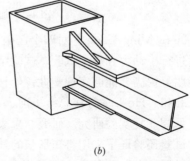

(a)　　　　　　　　　　　　　(b)

图 1-6　梁翼缘加垂直加强板示意图

2011 年 Christopher D. Stoakes 等[7]对 8 个三种连接形式不同的梁上翼缘加角撑板的大比例尺钢框架梁柱节点进行了低周往复荷载作用下的试验研究，如图 1-7 所示。试验结果表明，该类节点均能增加节点的抗弯强度和刚度，但角撑板和柱通过端板用螺栓连接的节点由于螺栓的破坏而导致转动能力受限，仅用角撑板和柱连接的节点虽有较高的强度和刚度，但是强度退化明显。同时梁下翼缘角钢连接于柱表面型节点在强度和变形能力上都表现出了良好的性能。

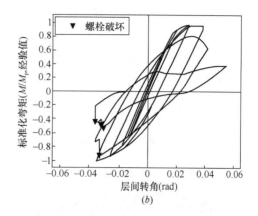

(a)   (b)

图 1-7 加角撑板节点试验现象及结果

　　2005 年 Cheol-Ho Lee 等[8]研究了加腋型节点的一种简化设计方法，并研究设计了腋板端部断裂的方案。之后，通过试验证明了理论方法的正确性，所有按照设计方案流程设计的节点塑性转动能力均满足要求。试验与研究表明，加腋与梁翼缘局部削弱并用的连接方式，实现了塑性铰外移并且远离了腋板端部，有效的降低了腋板端部开裂可能性。

　　2002 年 Kim 等[10]对五个盖板式和五个翼缘板式加强钢框架梁柱节点进行了大比例尺低周往复加载试验，如图 1-8 所示。结果表明，所有节点梁能够实现塑性铰外移，表现出了较好的受力性能。当梁上翼缘采用矩形加强板和三面围焊角焊缝时，节点的性能最好。减小梁腹板的高厚比可以延缓梁柱节点强度和刚度的退化。

　　2002 年 Stephen P. Schneider 等[10]对梁与柱通过梁翼缘板螺栓连接型节点进行了研究，如图 1-9 所示。该系列节点有两种主要的受力

图 1-8 翼缘板式加强节点

机制：在翼缘板上形成塑性铰和在梁腹板上形成塑性铰。作者设计了八种类型的该系列节

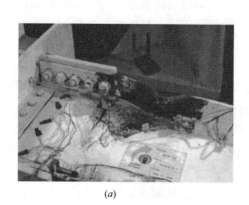

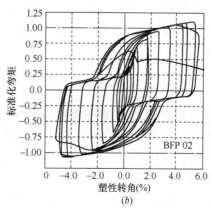

(a)   (b)

图 1-9 螺栓连接翼缘式节点试验现象及结果

点，最终试验结果表明，该系列节点的塑性转角可以达到 2.5%～3%，能够提供节点所需的强度和延性。

2008 年周中哲等[11]提出一种新型梁翼缘盖板削弱螺栓拼接梁柱节点，如图 1-10 所示，进行了四组足尺的节点试验研究及有限元分析。试验结果显示：梁翼缘盖板削弱节点在往复加载下位移角均可超过 0.04rad；塑性变形发生在削弱盖板处；利用有限元分析程序 ABAQUS 可模拟试验节点在往复荷载作用下的受力性能，满足刚性节点的刚度要求；削弱盖板的塑性屈服强度可根据研究提出的非线性回归分析模型进行预测。

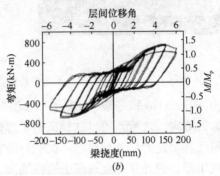

图 1-10　加削弱盖板式节点试验现象及结果

2011 年 A. DEYLAMI 等[12]，研究了盖板加强型节点（如图 1-11 所示）的抗震性能。实验结果显示：盖板加强型节点的塑性铰发生在梁上，节点域没有明显的塑性变形；盖板加强型节点满足构件使用所需的刚度与延性；相比于传统节点，盖板加强型节点表现出了更好的刚度特性。

2013 年 M. Gholami 等[13]人对三个足尺梁盖板加强型箱柱 T 形节点试件进行了试验（如图 1-12 所示）及有限元分析。结果显示：盖板加强型节点的塑性铰都发生在盖板末端，远离梁柱连接焊缝；盖板末端与梁翼缘的横向角焊缝会降低盖板与梁翼缘的纵向角焊缝

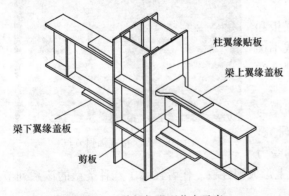

图 1-11　盖板加强型节点示意

的等效塑性应变，防止纵向角焊缝末端撕裂；建议采用较短且焊接强度较大的材料作为梁翼缘盖板。

2006 年 Cheng-Chih Chen 等[14]对三个未设置焊接工艺孔加宽全拼接节点的滞回性能进行了试验研究和有限元分析。2013 年[15]对 7 个翼缘板加宽式节点（如图 1-13 所示）试件进行了大比例尺低周往复加载试验，并基于有限元分析的参数研究，检测了加宽型节点的实用性，以及不同尺寸的翼缘加宽对节点的影响。试验结果表明，所有翼缘加宽型节点都满足安全的延性要求，实现梁端塑性铰外移；并且梁翼缘加宽区得到了充分的变形，节点耗能良好。

2014 年 Cheng Fang 等[16]研究了采用记忆合金螺栓的翼缘加宽型节点的抗震性能，并采用初步的数值模拟进行了验证计算，如图 1-14 所示。试验采用 8 个大比例尺试件，其

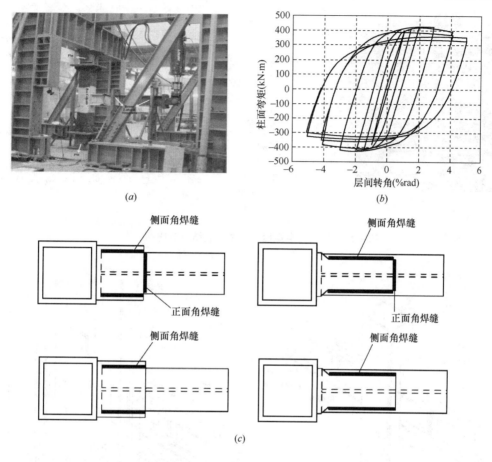

图 1-12　盖板加强型箱柱 T 形节点示意图及试验结果

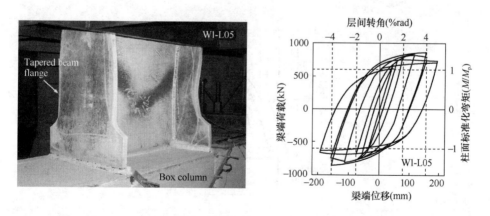

图 1-13　加宽节点试验现象及试验结果

中 7 个为采用新型螺栓的翼缘加宽节点，一个为普通高强螺栓的翼缘加宽节点。试验结果表明，新型螺栓节点的等效阻尼达到 17.5％，表现出较好的耗能能力。试验中新型螺栓节点大部分处于半刚性状态。

2010 年 Seyed Rasoul Mirghaderi 等[17]设计了一种新型箱形柱工字型梁的节点，如图 1-15 所示，节点采用一块垂直板贯穿箱柱并与柱翼缘焊接。Seyed Rasoul Mirghaderi 等对

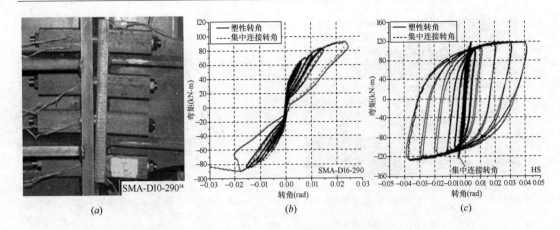

图 1-14　记忆合金螺栓（a）及试验结果对比（b）、（c）

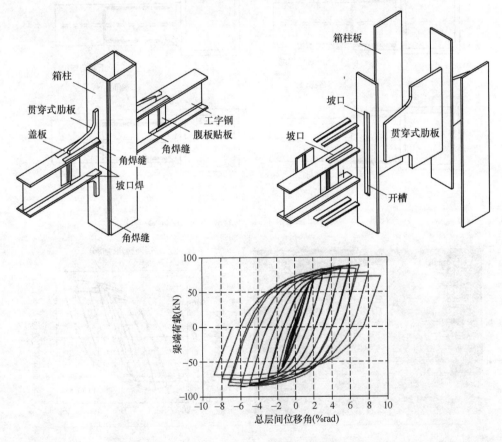

图 1-15　节点构造示意及试验结果

这种新型节点进行了试验，并且对节点的受力性能可能受到的一系列参数影响，包括构件大小及贯穿板的尺寸都进行了有限元模型分析。试验对两个构造相同，但贯穿板尺寸不同的试件采用相同加载，并评估了试件节点的抗震性能。试验结果显示，试件加载到0.06rad 层间转角时，节点强度才开始下降。新型节点具有良好的弹塑性性能，并且试验结果与有限元分析基本吻合，均满足对节点的基本设计规定。

传统的节点箱柱内侧隔板都采用人工焊接，2012 年 Shahabeddin Torabian 等[18]考虑到这种传统节点的成本与人工焊接的不确定性，设计研究了一种新型贯穿板式节点（如图 1-16 所示）（a diagonal through-plate connection）。通过试验与有限元分析结果表明，箱柱内的贯穿板提高了节点区域的刚度与强度，并且在整个试验过程中节点区域一直保持着相对线弹性状态，如图 1-17 所示。箱柱内贯穿板有效地传递了梁上应力，使节点域刚度增加。

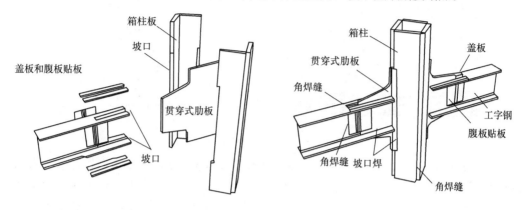

图 1-16　贯穿板式节点构造示意图

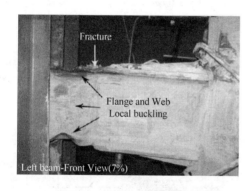

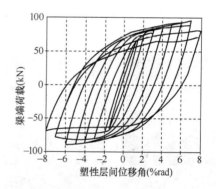

图 1-17　贯穿板式节点试验现象及结果

2013 年 Chung-Che Chou 等[19]对一个普通试件以及三个加强板尺寸不同的梁翼缘内侧加强板型节点进行了低周往复试验，并采用 ABAQUS 进行了有限元分析。加强板形式有矩形（如图 1-18 所示）和梯形（如图 1-19 所示）。试验和分析结果显示，普通螺栓焊接

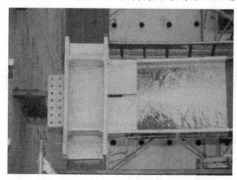

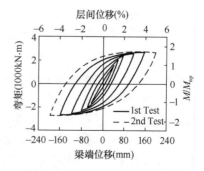

图 1-18　矩形加强板节点照片及试验结果

型节点在 4% 层间位移角左右便破坏了；而另外三个梁翼缘内侧加强板型节点，在施加 AISC 规定的加载制度后，往复加载均达到 4% 目标转角，表现出了良好的抗震性能。

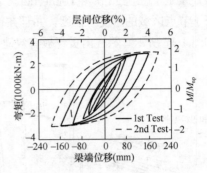

图 1-19　梯形加强板照片及试验结果

2013 年 Luís Calado 等[20] 以震后可修复为设计初衷对 3 组共 12 个全拼接节点进行了设计和往复荷载作用下的受力性能试验研究，如图 1-20 所示。其中主要考虑的参数为翼缘板的厚度及宽度。试验结果表明，该类节点具有良好的滞回性能，通过翼缘板和腹板拼接板的塑性变形可以耗散较大能量，避免了梁和柱的塑性变形，在震后更换连接板即可。

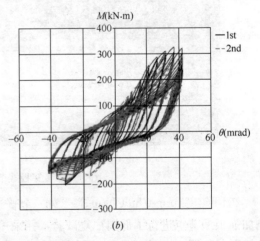

(a)   (b)

图 1-20　全拼接节点试验现象及结果

2007 年台湾交通大学陈诚直等人试验研究了扩翼式节点以及梁柱接头的耐震行为[21][22][23]，该试验结果表明：增加扩翼段及圆弧段长度可使塑性铰远离柱面，避免于焊接热影响区发生脆性破坏，增加塑性消能范围提高梁柱接头之韧性能力。梁柱接头于扇形开孔处因几何不连续，开孔根部有应力集中现象，而该处亦是接头破坏常发生的地方；由试验得知，增加扩翼宽度可有效抑制扇形开孔根部裂缝的发展，减低梁柱接面发生脆性破坏的可能性。由试体之迟滞循环图可知，扩翼式接头均能达到国内外规范对于抗弯接头之要求，显示扩翼式接头具有优良之韧性消能能力与极限强度。

2008 年台湾交通大学周中哲等人对盖板梁柱节点做了试验分析[24][25]。盖板梁柱节点也是 FEMA350（2000）建议的一种刚性节点形式，这种节点中盖板不仅穿递梁弯矩到梁柱节点域，并且因为盖板增加了梁近柱端的强度和刚度，使得梁的塑性变形发生在盖板端部的梁上。该节点避免在工地现场进行梁柱全熔透坡口焊缝，同时控制塑性变形发生在简单、可修复的削切盖板上，而不是钢梁上。

（2）削弱型节点

相对于加强型节点，大部分学者都将注意力集中到了削弱型节点的研究当中来。从1994年到2000年，已经出现了大量关于削弱型节点的研究[26]~[31]，削弱形式大都采用"狗骨形"削弱方式，并且这种改进形式已经证明对节点的抗震性能有非常明显的改善作用。

1996年Sheng-Jin Chen等[32]对五个梁翼缘削弱尺寸不同的节点进行了低周往复试验与框架的振动台试验。试验结果表明，翼缘削弱型节点的极限强度与普通节点相近，刚度有一定降低；但塑性转动能力大大增加，有效缓解了节点焊缝处的断裂与应力集中问题。因此，新型削弱节点框架的抗震性能要高于传统节点框架。

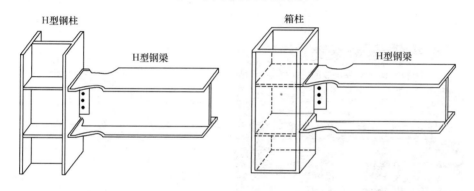

图 1-21　削弱型节点构造示意图

2000年，美国加州大学圣迭戈分校的Chia—Ming Uang教授等人[35]对采用狗骨削弱型节点和梁下翼缘加腋型节点进行了循环往复荷载作用下的试验研究。进行试验的六个试件中，有三个考虑了楼板对梁的约束作用。试验研究表明，如果采用低韧性焊条E70T—4进行梁柱焊接，那么单纯的采用狗骨削弱方式是无法防止焊缝发生脆性破坏的，而组合楼板的约束作用可使梁的抗弯强度提高10%。

2002年Scott L. Jones等[34]对翼缘削弱型节点在低周往复荷载作用下的受力性能做了试验研究，分析对比了节点域的强度、梁翼缘削弱程度、混凝土组合楼板以及梁腹板与柱翼缘连接方式对整个节点的影响。试验结果表明，削弱程度较大的节点滞回性能稳定，塑性铰处的塑性充分发展。混凝土组合楼板有效地限制了梁翼缘的侧向扭转，如图1-22所示。

2002年Chad S. Gilto等[35]对梁与柱的弱轴方向相连所组成的节点在往复荷载作用下的受力性能进行了实验研究，并使用ABAQUS软件进行了分析，如图1-23所示。对两组大比例尺构件进行了试验和分析对比。研究表明采用RBS型节点，塑性转角可以达到3%，有效地防止连接焊缝处应力集中，作者基于试验和分析的研究成果给出了此类节点的设计建议。

2002年Brandon Chi等[36]对三个采用大截面尺寸（W27）柱的RBS节点进行了试验

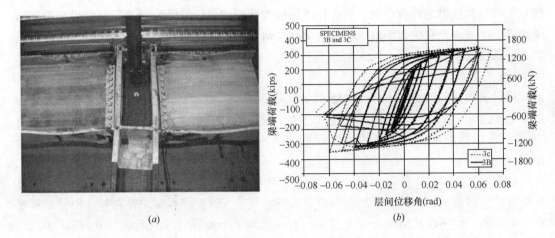

(a) (b)

图 1-22 带组合楼板节点试验照片及结果
注：1kips=4.448kN，后同。

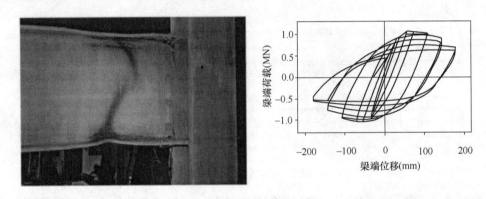

图 1-23 试验照片及结果

研究，如图 1-24 所示。试验结果表明：大截面柱更容易产生扭转变形的原因是梁侧向屈曲致使梁翼缘对柱子产生了偏心力，柱子的扭转变形与柱腹板高厚比有很大关系，据此作者提出了使用侧向支撑和该类节点的设计意见。

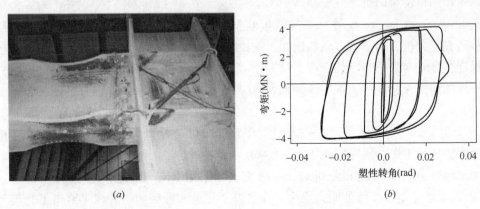

(a) (b)

图 1-24 节点试验照片及结果

2004 年 Sheng-Jin Chen 等[37]研究了使用高强度钢材 ASTM A572Gr. 60（美标高强度低合金铌钒结构钢，材料等级为 Gr60，屈服强度为 414MPa）制成的大尺寸（梁和柱的翼缘厚度均为 50mm）RBS 型节点的抗震性能，试验中采用的 RBS 节点其削弱区域的形状是锥形，通过加长削弱尺寸来扩大节点的塑性发展区域使其在地震荷载作用下更充分的耗能，如图 1-25 所示。试验表明，采用高强度钢的削弱型节点具有较强的塑性变形能力和耗能能力，塑性转角大于 0.03rad，同时发现梁翼缘和柱翼缘连接处的焊接板是影响节点焊缝处脆性断裂关键因素，建议取消焊接板。

 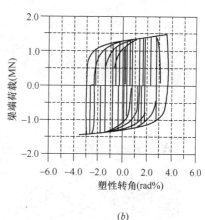

(*a*)　　　　　　　　　　　　(*b*)

图 1-25　高强钢削弱型节点试验照片及结果

尽管削弱型节点成为了改进型节点中最为经济有效的改善节点抗震性能的方法，但是学者们认为，对于削弱型节点的研究依然十分有限。为了研究不同削弱形式对削弱型节点抗震性能的影响，2005 年，美国德克萨斯州 A&M 大学 Jun Jin 等人选取了三种不同削弱形式的削弱型节点，分别应用于四层、八层及十六层的结构中，探讨他们的抗震性能。分析结果表明，削弱型节点的应用能够有效地提高结构的抗震性能[38]。

2006 年，美国洛杉矶结构工程师 Xiaofeng Zhang 以及 Lehigh 大学的 James M. Ricles 教授对应用窄翼缘柱的狗骨削弱型节点进行了大比例尺试验研究[41][42]。试验构件共 6 个，其中五个构件均考虑了组合楼板的作用，如图 1-26 所示；为了进行对比，另外一个构件不考虑组合楼板的作用。试验结果表明，组合楼板的约束作用可有效防止梁上下翼缘的变形、柱的扭转以及由于梁失稳带来的承载力损失；同时六个试验构件均满足了规范所规定的抗震要求，为后续削弱型节点的研究提供了参考。另外，还利用有限元分析软件 ABAQUS 对节点进行了非线性分析，得到了有益结论[41]。

2007 年 Cheol-Ho Lee 等[42]对传统的腹板螺栓连接 RBS 节点抗震设计方法的实用性提出了质疑，并提出了一种新的抗震设计方法，这种设计方法与实际加载路径更为一致。试验表明，腹板螺栓连接的 RBS 节点中，梁翼缘的焊接口处早期容易发生脆性断裂。测得的应变数据显示，螺栓连接的腹板的断裂概率较高，这与 RBS 节点翼缘增加的受力特点有关（由于腹板螺栓的打滑，实际的荷载传递机制显著地不同于平时设计时假定的传递机制）。试验结果表明，用这种新的抗震设计方法设计的试件在试验中有良好的延性，如图 1-27 所示。

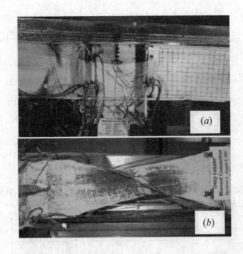
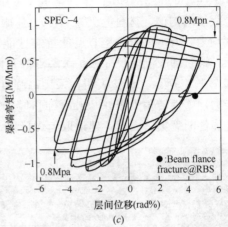

图 1-26 带楼板试验照片及结果

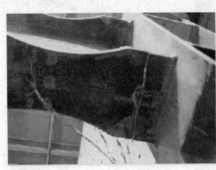
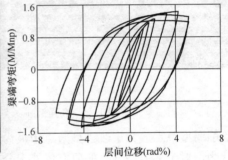

图 1-27 RBS 节点试验照片及结果

2007 年 Cheol-Ho Leea 等[43]对使用了圆弧形削弱节点的钢框架的层间位移计算提出了一种简化的计算方法，如图 1-28 所示。根据在削弱处梁的伸长率相等的原则，提出了采用矩形削弱梁来对圆弧形削弱梁进行等效替代的方法，并且使用 ABAQUS 有限元分析软件对此进行了分析验证，如图 1-29 所示。该方法可以较容易地计算出使用了 RBS 节点的框架层间位移的大小和刚度变化。

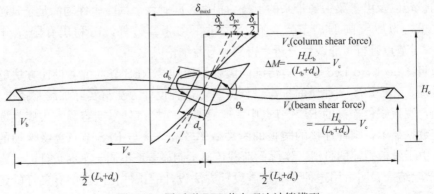

图 1-28 圆弧形 RBS 节点理论计算模型

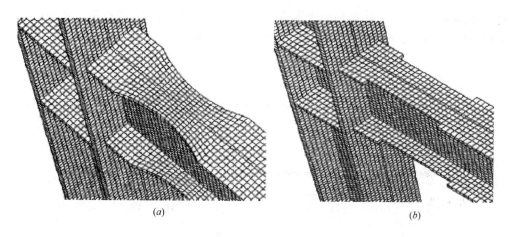

(a)　　　　　　　　　　　(b)

图 1-29　RBS 节点有限元模型图

(a) 圆弧形 RBS 节点；(b) 矩形 RBS 节点

2007 年 Kee-Dong Kim 等[44]通过有限元软件对现阶段发展的翼缘削弱型节点的抗震性能进行了研究分析，并且对削弱型节点应用于 3 层、9 层、20 层框架时，对梁与框架的弹性刚度的影响进行了试验分析。试验结果表明，在典型的框架结构中，当梁翼缘削弱 50％时，最大层间位移角增加了 6％～8％；当翼缘削弱 40％时，最大层间位移角增加了 4.5％～6％。根据研究结果可得出，FEMA350 规范中的修正系数是合理了，只是略显保守。

2009 年、2010 年 D. T. Pachou-mis 等[45][46]为了丰富欧洲规范中关于 RBS 节点的内容，对两个削弱程度不同的 RBS 节点进行了低周往复加载试验，并使用 ABAQUS 软件分析了节点的滞回性能，如图 1-30 所示。在对比分析之后得出结论：RBS1 节点的塑性转角可以达到 3％，但是符合规范规定的 RBS2 节点却没能表现出良好的耗能能力，在下翼缘出现了严重的屈曲，这表明欧洲规范有必要对 RBS 的几何特性进行重新调整。

2009 年 Sang-WhanHan 等[47]对梁腹板与柱通过螺栓连接的 RBS 节点（RBS-B）设计流程进行了研究，如图

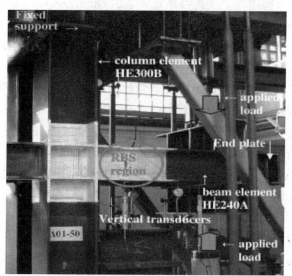

图 1-30　RBS 节点试验照片

1-31 所示。研究认为很多 RBS－B 节点在削弱处截面达到塑性弯矩承载力极限之前就发生破坏的原因是设计中没能提供足够的抗弯强度，并提出一种新的设计方法。

2009 年 Yousef Ashrafi 等[48]研究了使用 RBS 节点的钢抗弯框架承受往复荷载时的受力性能，作者使用 ANSYS 软件分别对使用了 RBS 节点和没有使用 RBS 节点的 4 层、8 层和 16 层框架进行了拟静力试验分析。分析结果表明在层数较少的时候使用了 RBS 节点的

框架滞回曲线较常规框架的滞回曲线饱满，能够起到明显的抗震耗能作用；而在层数较多的时候两种框架的滞回曲线近似，RBS 节点的优势没能得到充分体现。

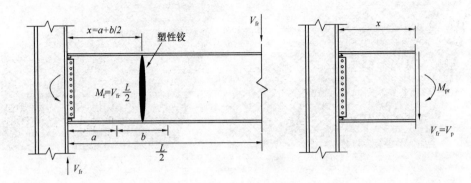

图 1-31 RBS 节点抗弯承载力设计示意图

2009 年 Chia-Ming Uang 等[49]对 RBS 节点在往复荷载作用下的稳定性进行了研究，对 55 组大比例尺试件进行了分析，主要研究试件的塑性转动能力、强度退化率和屈曲处试件的长细比的关系，统计分析表明节点性能高度依赖于试件局部屈曲处的长细比而不是侧向屈曲处的长细比，同时试件局部屈曲处的宽厚比也是一个重要的影响因素。另外，研究表明，楼板在正弯矩作用于节点时对节点的塑性转动能力起到明显的改善作用，但是在负弯矩作用下该作用表现的并不明显。

2010 年，美国斯坦福大学的 Dimitrios G. Lignos 等[50]人利用 14 年的时间对 71 个削弱型节点进行试验研究，探讨削弱型节点在不同破坏模式下的脆性性能。

2011 年 Se Woon Choi 等[51]对 WUF-W（在现有的普通节点中采用比普通节点更粗糙的金属焊缝，并去除了下部引弧板）和 RBS 节点的三层四跨框架进行侧推试验，研究节点梁柱在最小柱梁弯矩比时对节点的影响，试验过程中采用 NSGA－Ⅱ计算方法。研究采用的优化计算方法是通过尽量减少结构的重量使得梁柱弯矩比最小化，并通过约束来削弱梁铰接机构，以此防止塑性铰变形发生在梁柱节点。试验结果表明，随着结构自重的增加，所需的梁柱弯矩比也相应增加。同时也发现，在相同自重情况下，RBS 节点的梁柱弯矩比小于 WUF-W 节点。因此，强柱弱梁理论需要根据节点的形式而改变。

2012 年 Sang Whan Han 等[52]对现行抗震设计规范 ANSI/AISC 358-05 对 RBS-B 节点的设计公式进行了校核，发现在特殊钢抗弯框架体系中削弱型节点应至少达到 2%的总转角。然而，在之前的研究中有一些 RBS-B 的试件在未达到 2%转角时就破坏了。对 31 个前人做过的相关试验分别用规范中给定的公式进行校核之后，认为现行规范中的相关规定不能确保 RBS-S 节点在地震作用下不发生脆性断裂。因此，研究给出了根据试验而得出的确保该类节点抗弯强度和转动能力计算公式。

2012 年 Yasser Khodair 等[53]研究了梁翼缘削弱型节点的防火性能。采用 ABAQUS 进行有限元分析，研究了 RBS 节点在各种火灾荷载下的变形。分析结果显示，削弱型节点在 300°F 时开始发生塑性变形。

2013 年 Mehrdad Memari 等[54]利用非线性有限元软件设计了一个 9 层钢框架，采用洛杉矶地区的地震响应值进行试验模拟，主要研究了框架震后过火时的整体响应，翼缘削弱型节点的局部性能。试验结果显示，在震后过火情况下掉落的屋顶数量高于地震荷载下的几个数量级，相应的应力集中问题以及最大塑性应变也比地震荷载下要严重；尤其在过火后降温冷却阶段，对节点的要求达到了最极限。

2013 年 Deylami 等[55]对如何减轻 RBS 节点中梁的屈曲进行了探究，提出了在翼缘削弱处的腹板上面附加一块摩擦板的构造措施来延迟梁屈曲，从而提高了削弱型节点的受力性能，并对采取了该构造的节点进行了大量往复荷载作用下的试验研究，如图 1-32 所示。结果表明，新型削弱型节点比传统的削弱型节点有更好的性能。新构造能够使传统的削弱型节点的塑性转动能力提高 40%。

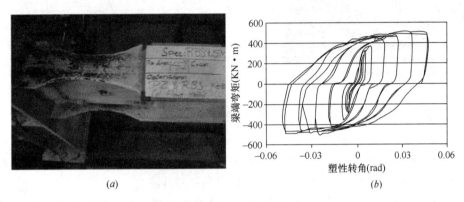

图 1-32 节点照片及试验结果
(a) 带有摩擦装置的 RBS 节点；(b) 滞回曲线

2013 年 Huang Yuan 等[56]对组合梁的 RBS 节点的受力性能进行了研究。组合梁的 RBS 节点由于在梁下翼缘的应变更大，从而导致比纯钢梁的 RBS 发生脆性断裂的可能性更大。首先对组合梁的削弱型节点进行理论分析，提出此节点在设计中应采用放大系数来考虑上述影响，基于理论分析，对组合楼板板尺寸、强度和梁尺寸对于放大系数的影响进行了研究。从分析总结出设计的理论公式，最后通过有限元分析检验理论模型，如图 1-33 所示，得出设计公式可以满足组合梁的 RBS 节点的抗震需求的结论。

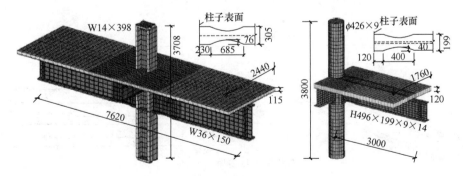

图 1-33 考虑楼板作用的 RBS 节点有限元模型

2008 年，Rasoul Mirghaderi 等人[57]提出了一种新型改进方式，这种改进方式不同于以往的对梁翼缘或梁腹板进行削弱，而是利用波纹板替代靠近柱面附近的一部分梁腹板，如图 1-34 所示。由于波纹板的折叠作用，腹板传递的弯矩可以忽略不计，弯矩主要由梁翼缘承担，且波纹板的抗剪强度较大，因此在设计时可将梁翼缘及腹板的受力完全区分开来，且在循环往复荷载作用下，节点延性性能也能够满足要求。另外，还对这种改进型节点进行了数值模拟，得到了有益结论。

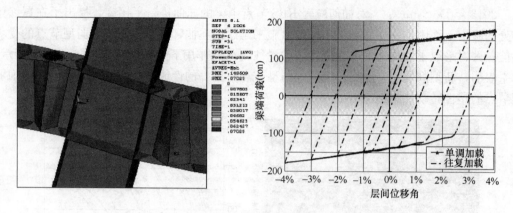

图 1-34 波纹板式节点有限元模型及数值模拟结果

2008 年，Ali Imanpour 等[58]提出一种波纹板替代部分腹板的新型腹板削弱梁柱节点，为研究其受力性能进行了有限元分析。分析表明节点塑性铰出现在波纹板处，塑性铰区域塑性发展稳定，塑性转动能力强，未发生明显屈曲和脆性断裂。

2012 年 Yousef Ashrafi 等[59]对两种节点（翼缘削弱型和腹板削弱型）进行了研究对比，比较了两种梁削弱型节点的弹性刚度，如图 1-35 所示。研究结果表明，腹板削弱型节点还有相比翼缘削弱型节点刚度下降较少的优势。腹板削弱型节点显示出了优良的塑性转动能力以及能量耗散能力。

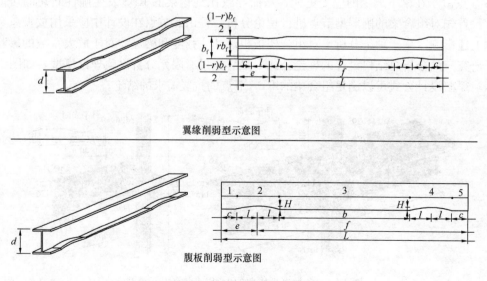

图 1-35 两种削弱形式构造图

（3）梁端加强与削弱并用的连接节点

随着对加强型和削弱型节点的深入研究，人们发现两种节点除了各自有较强的优势之外，还逐渐表现出各自的不足之处来。于是，研究学者们将加强和削弱方式结合起来应用于节点的改进上，这样就可以使两种改进方式取长补短，相辅相成。近几年，对加强与削弱并用的连接节点的研究逐渐出现，但相对于加强型和削弱型节点的研究依然较少。

2001 年，美国南加州大学 Farzad Naeim 等人对梁端加厚—翼缘削弱型节点进行了有限元模拟分析以及试验研究[60]。此节点在梁端上、下翼缘各添加矩形盖板，且在远离梁端的部位进行梁翼缘的弧形削弱，同时在梁腹板中部添加水平腹板加强板，在梁下翼缘添加竖向加强板，如图 1-36（a）所示。首先利用两种有限元分析软件对节点进行了非线性分析，分析结果表明，翼缘削弱部位的应力最大，为接下来的大比例尺试验提供了理论依据。接着进行了循环往复荷载作用下三个大比例尺节点试验研究，其中一个构件的试验构件如图 1-36（b）所示。试验结果表明：此种新型梁柱刚接节点（SMRF 节点）适用于高层建筑结构当中。三个试验构件均满足规范规定的层间位移角不小于 0.03rad 的要求；塑性铰出现在预期的远离梁端的位置且没有向梁柱连接部位延伸；承载能力和延性性能较好。

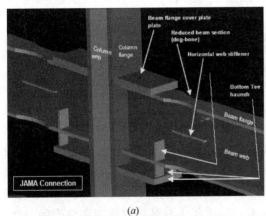

（a）　　　　　　　　　　　　　　　　　　　（b）

图 1-36　节点示意图及构造

2003 年，内华达大学（University of Nevada）J. A. Zepeda 以及美国洛杉矶结构工程师 R. Sahai 对四个加宽—翼缘削弱型节点进行了试验研究[61]。与以往的试验研究不同的是，梁端除承受往复荷载之外，同时还承受轴向力作用。试验结果表明，四个试验构件均能达到塑性转角大于 0.03rad 的规范要求，且梁承受轴向力有益于延缓梁腹板的屈曲程度。

2005 年，汉城大学 Cheol-Ho Lee 教授、Jong-Hyun Jung 教授等人对梁端肋板加强—狗骨型节点进行了试验研究[62]。构件为三种尺寸不同的梁端肋板加强—翼缘削弱型节点，以便进行对比参照。其中第一个构件只在梁端加肋板，并没有在梁翼缘进行弧形削弱；第二个和第三个构件为肋板加强—狗骨型节点，不同之处在于剪力板尺寸有所差异。梁端通过层间位移角进行控制，位移角由 0.375％到 5％逐渐增大。试验结果表明：三种构件均可到达塑性转角不小于 0.03rad 的要求，且梁翼缘进行弧形削弱后，可以有效防止断裂出现在肋板顶端，达到塑性铰外移的目的。

2012 年 Shervin Malek 等[63] 设计研究了一种将翼缘腹板同时削弱的新型节点（SWRF），如图 1-37 所示。通过对新型节点、翼缘削弱型节点（RBS）、腹板开槽式节点（SBW）在周期荷载下的非线性有限元分析，对比了这三种节点的优劣。研究结果表明，新型节点 SWRF 结合了翼缘削弱型节点和腹板开槽式节点的优势，不仅塑性弯矩远离了柱面，而且腹板上的开槽降低了应力集中并消除了梁的侧向扭转屈曲。

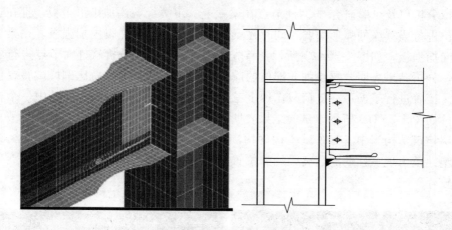

图 1-37 节点有限元模型及示意图

《多、高层民用建筑钢结构节点构造详图》中推荐了两类梁端加强型和削弱型相结合的节点形式，但国内针对这两类节点抗震性能的试验论证和有限元分析较少。

2006 年清华大学钱稼茹教授等对 10 个分别采用扩翼、盖板加强、狗骨削弱、梁翼缘打孔等改进方式的改进型刚接节点进行了足尺试验研究，得到了一些有益结论。2006 年～2007 年杨庆山等对钢结构腹板开孔型钢框架梁柱节点进行了试验研究；2010 年～2012 年石永久等对钢框架不同构造形式焊接节点、梁端局部削弱型节点进行了研究分析；2006 年～2013 年王燕等对翼缘板加强型、盖板加强型梁柱节点、翼缘扩大型节点和翼缘削弱型等节点进行了大量的理论和试验研究；2004 年～2008 年王秀丽等对传统刚性连接节点、带双腹板的顶底角钢半刚性连接节点、钢框架弱轴及梁腹板开孔型连接节点进行了试验研究；2004 年～2013 年杨娜等对翼缘削弱型梁柱节点、腹板削弱型梁柱节点进行了有限元分析。刘占科、苏明周等对翼缘加强型与盖板加强型节点进行了研究。此外，蔡益燕、刘其祥等在该领域也进行了较多的理论分析工作。其他学者也在该领域进行了研究工作。因限于篇幅，国内文献较易查找，此处不再赘述。

（4）《建筑抗震设计规范》[64] 推荐的改进型节点

新版《建筑抗震设计规范》（GB 50011—2010）中推荐了四种改进型梁柱刚接节点。分别为梁端扩大型连接［如图 1-38（a）所示］、骨形连接［如图 1-38（b）所示］、盖板式连接［如图 1-38（c）所示］和翼缘板式连接［如图 1-38（d）所示］。日本主要采用的是梁端扩大型连接形式，而美国主要采用的是骨形连接形式（RBS）。由于 RBS 节点对加工精度的要求较高，且需要在梁截面的关键部位进行削弱，因此国内极少采用此种节点。

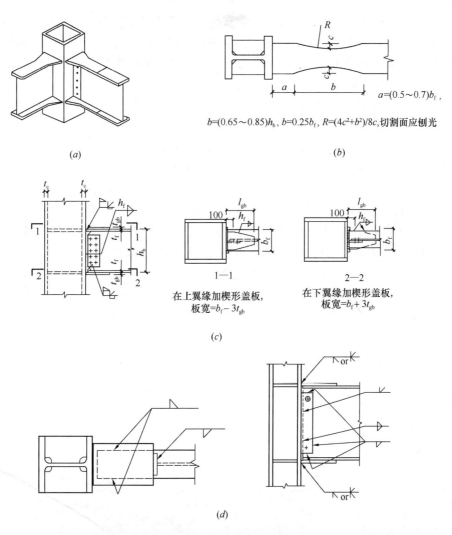

图 1-38　梁端扩大形连接、骨形连接、盖板式连接和翼缘板式连接
（a）梁端扩大形连接；（b）骨形连接（RBS）；（c）盖板式连接；（d）翼缘板式连接

1.4　本书研究内容

　　本书的研究内容是对钢框架改进型梁柱刚接节点——梁端加强式与削弱式并用的连接节点、梯形加宽扩翼节点以及梁端加强－螺栓全拼接节点进行试验研究及理论分析。

　　本书围绕上述三类节点开展试验和数值分析两方面的研究，系统地研究了上述三类节点在循环往复荷载作用下的塑性铰形成及发展规律、节点的延性性能、耗能能力、应力分布、节点承载能力以及滞回性能等节点性能指标。并利用有限元分析软件 ABAQUS 对节点进行了分析，弥补试验的不足，得到钢框架梁柱改进型刚接节点的抗震设计建议。

　　全文共分为 5 章，各章内容如下：

　　第 1 章，详细总结和阐述了前人对改进型钢框架梁柱刚接节点抗震性能的研究，提出本文的研究背景及意义；

第 2 章，对三种类型 6 个改进型钢框架梁柱刚接 T 形节点进行试验研究，包括试验构件的设计、试验装置的设计、加载制度和测量内容的制定；并对这 6 个改进型刚接节点试验构件的试验结果进行分析，包括节点的塑性铰形成及发展过程、应变变化规律、滞回曲线及骨架曲线及梁端总转角等影响节点抗震性能的指标；

第 3 章，利用有限分析软件 ABAQUS 对三种类型 6 个改进型钢框架梁柱刚接 T 形节点试验构件进行数值模拟，并与试验结果进行对比，验证有限元分析结果，得到梁端加强式与削弱式并用的钢框架梁柱改进型刚接节点的设计建议；

第 4 章，对两种类型 6 个改进型钢框架梁柱刚接十字形节点进行试验研究，包括加强式与削弱式并用的连接节点以及加强式节点，并对这 6 个改进型刚接节点试验构件的试验结果、有限元分析结果进行对比分析，探讨其抗震性能；

第 5 章，为了让初学者对 ABAQUS 软件建模有一个较为详细的认识，本章以梁端加宽-翼缘削弱型节点为例，进行 ABAQUS 有限元建模以及全过程分析。

第2章　钢框架梁柱 T 字形抗震节点试验研究

为了研究梁端加强式与削弱式并用、梁端加强等改进型刚接节点的抗震性能，结合非线性有限元分析结果以及得出的相关研究结论，对三种类型六个试验构件进行了低周往复荷载作用下的大比例尺试验研究。

2.1　钢框架梁柱 T 字形抗震节点试验设计

2.1.1　构件设计

结合《多、高层民用建筑钢结构节点构造详图》（01SG519）[65]标准图集中推荐的梁端加强式和削弱式并用及加强型的连接节点，本章设计加工了三类节点，并对它们进行低周往复拟静力试验分析，探讨其抗震性能。将试验构件分为如下三类：

1. 加强式与削弱式并用的连接节点
1）梁端加宽(焊接)-翼缘削弱型节点（SP1-1）
2）梁端加宽(非焊接)-翼缘削弱型节点（SP1-2）
3）梁端加厚-翼缘削弱型节点（SP1-3）
2. 梁端梯形加宽节点（SP2）
3. 梁端加厚-短梁螺栓全拼接节点
1）梁端加厚-翼缘单盖板削弱型节点（SP3-1）
削弱深度 43mm，拼接板与梁翼缘等强。
2）梁端加厚-翼缘单盖板削弱型节点（SP3-2）
削弱深度 50mm，拼接板比梁翼缘厚 2mm。

2.1.2　节点细部构造

SP1-1 构造　　　　　　　　　　　　　　　　　　　　　　　　　　　　表 2-1

SP1-1 梁端加宽(焊接)-翼缘削弱型节点

构件图	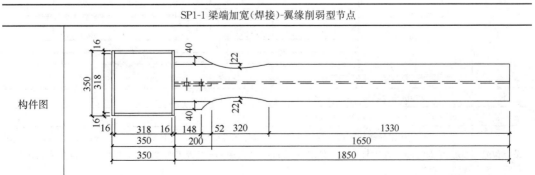

续表

SP1-1 梁端加宽(焊接)-翼缘削弱型节点

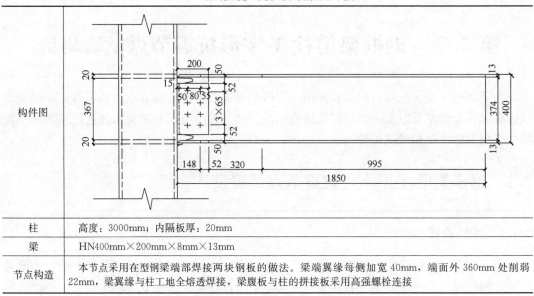

柱	高度：3000mm；内隔板厚：20mm
梁	HN400mm×200mm×8mm×13mm
节点构造	本节点采用在型钢梁端部焊接两块钢板的做法。梁端翼缘每侧加宽 40mm，端面外 360mm 处削弱 22mm，梁翼缘与柱工地全熔透焊接，梁腹板与柱的拼接板采用高强螺栓连接

SP1-2 构造 表 2-2

SP1-2 梁端加宽（非焊接）-翼缘削弱型节点

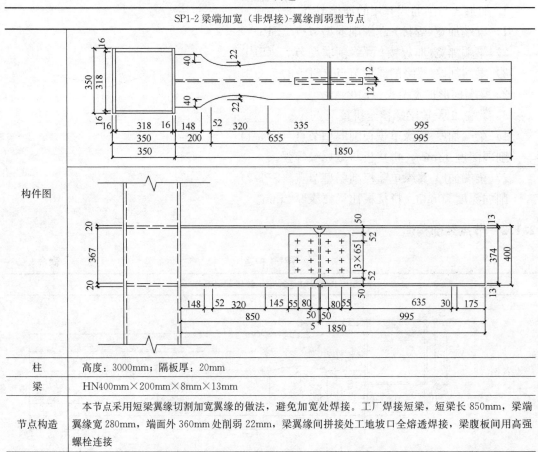

柱	高度：3000mm；隔板厚：20mm
梁	HN400mm×200mm×8mm×13mm
节点构造	本节点采用短梁翼缘切割加宽翼缘的做法，避免加宽处焊接。工厂焊接短梁，短梁长 850mm，梁端翼缘宽 280mm，端面外 360mm 处削弱 22mm，梁翼缘间拼接处工地坡口全熔透焊接，梁腹板间用高强螺栓连接

SP1-3 构造	表 2-3

<table>
<tr><td rowspan="5">构件图</td><td colspan="2">SP1-3 梁端加厚-翼缘削弱型节点</td></tr>
<tr><td colspan="2">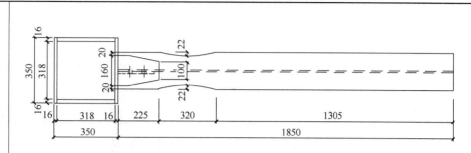</td></tr>
<tr><td colspan="2">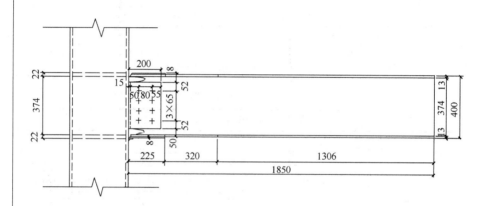</td></tr>
<tr><td>柱</td><td>高度：3000mm；隔板厚：22mm</td></tr>
<tr><td>梁</td><td>HN400mm×200mm×8mm×13mm</td></tr>
<tr><td>节点构造</td><td>本节点采用在梁端加贴 8mm 厚盖板的做法，上盖板为楔形，下盖板为矩形，端面外 385mm 处削弱 22mm，梁翼缘与柱工地全熔透焊接，梁腹板与柱的拼接板采用高强螺栓连接</td></tr>
</table>

SP2 构造	表 2-4

SP2 梁端梯形加宽节点	
构件图	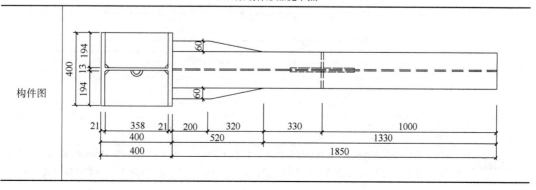

续表

	SP2 梁端梯形加宽节点
构件图	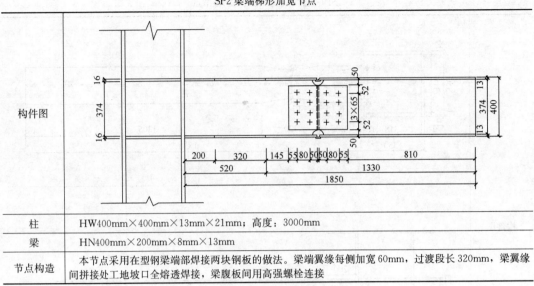
柱	HW400mm×400mm×13mm×21mm；高度：3000mm
梁	HN400mm×200mm×8mm×13mm
节点构造	本节点采用在型钢梁端部焊接两块钢板的做法。梁端翼缘每侧加宽60mm，过渡段长320mm，梁翼缘间拼接处工地坡口全熔透焊接，梁腹板间用高强螺栓连接

SP3-1 构造　　　　　　　　　　　　　　　　　　表 2-5

	SP3-1 梁端加厚-翼缘单盖板削弱型节点
构件图	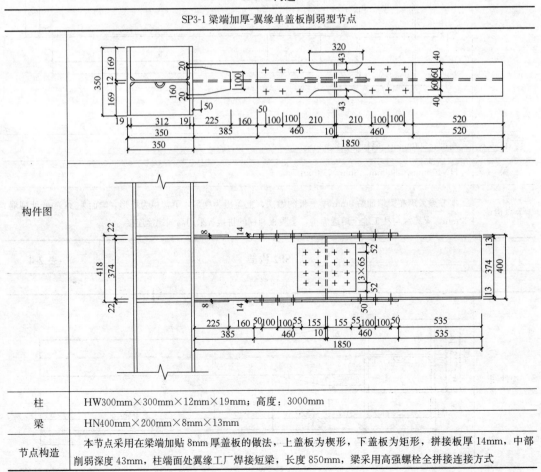
柱	HW300mm×300mm×12mm×19mm；高度：3000mm
梁	HN400mm×200mm×8mm×13mm
节点构造	本节点采用在梁端加贴8mm厚盖板的做法，上盖板为楔形，下盖板为矩形，拼接板厚14mm，中部削弱深度43mm，柱端面处翼缘工厂焊接短梁，长度850mm，梁采用高强螺栓全拼接连接方式

	SP3-2 构造	表 2-6

SP3-2 梁端加厚-翼缘单盖板削弱型节点

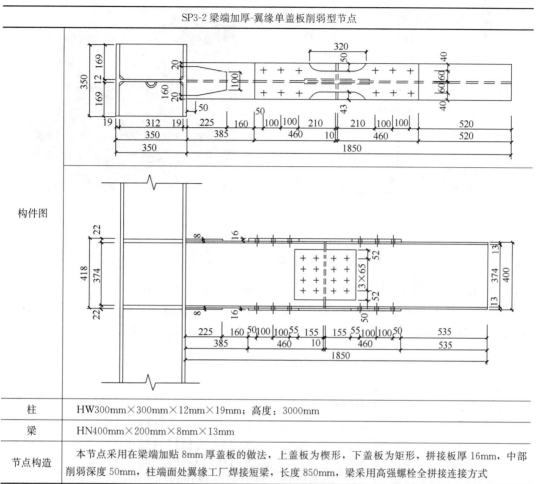

构件图	
柱	HW300mm×300mm×12mm×19mm；高度：3000mm
梁	HN400mm×200mm×8mm×13mm
节点构造	本节点采用在梁端加贴 8mm 厚盖板的做法，上盖板为楔形，下盖板为矩形，拼接板厚 16mm，中部削弱深度 50mm，柱端面处翼缘工厂焊接短梁，长度 850mm，梁采用高强螺栓全拼接连接方式

2.1.3 试验装置设计

钢框架梁柱节点试件为边柱连接梁的 T 字形结构，边界条件模拟抗弯框架在地震作用下的受力情况，梁取计算反弯点处，柱取相邻两楼层层高的一半，即理论反弯点位置。试验时将试件竖直放置，柱底部槽内设置碗状滑槽实现铰接。在柱顶和柱底设置了水平支撑约束柱的水平移动，支架的两端分别与柱顶和反力墙铰接。柱顶采用液压千斤顶对柱施加轴向压力，轴压比为 0.2。梁悬臂自由端由 MTS 进行循环加载。在梁中部设置了侧向支撑以防止梁发生平面外失稳[2]。图 2-1 为试验加载装置示意图。

2.1.4 加载制度

加载过程是以层间位移角控制[66]，层间位移角为梁端位移与加载点至柱中心距离之比[69]。具体加载时在梁端施加位移，加载历程为：（1）0.00375rad（6.88mm），6 个循环；（2）0.005rad（9.18mm），6 个循环；（3）0.0075rad（13.76mm），6 个循环；（4）0.01rad（18.35mm），4 个循环；（5）0.015rad（27.53mm），2 个循环；（6）0.02rad

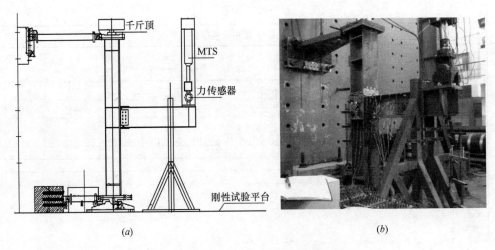

图 2-1　试验加载装置示意图

(*a*) 试件加载示意图；(*b*) 试件加载照片

(36.70mm)，2 个循环；（7）0.03rad（55.05mm），2 个循环；（8）0.04rad（73.40mm），2 个循环；（9）0.05rad（91.75mm），2 个循环；（10）每次增加 0.01rad（18.35mm），2 个循环。如此进行加载，试验加载制度如图 2-2 所示，直到试件破坏或层间位移角达到 0.06 为止。

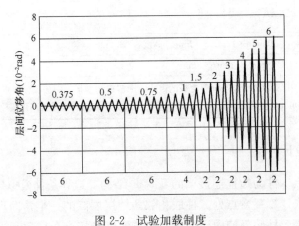

图 2-2　试验加载制度

2.1.5　测量内容

试验中测量内容包括：

1. 荷载的测量：2 个荷载传感器，分别用来测量柱子轴力和梁端荷载。

2. 位移的测量：一共采用 4 个位移计，其中两个位移计放于柱子侧面用于测量节点转动位移[67]；梁下翼缘的两个位移计用于测量梁的竖向变形及梁端竖向位移。在柱节点域布置交叉引伸计测量节点域剪切变形。如图 2-3 所示。

3. 应变的测量：应变片布置在梁上、下翼缘及梁腹板纵、横方向以及柱侧面，测量记录加载过程中各部位的应变。

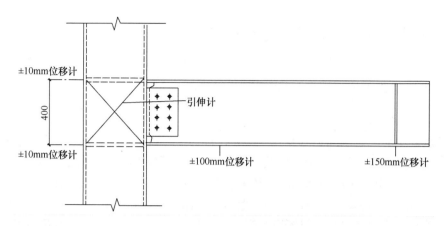

图 2-3 位移计布置示意图

2.2 材性试验

　　钢材的材性试验为钢板的单向拉伸试验，用以检测钢材的弹性模量、屈服强度、屈服应变、抗拉强度、弹性模量及伸长率等材性指标。选取 12m、13mm 及 14mm 三种厚度的钢板进行材性试验。根据国家标准《金属材料拉伸试验方法》GB/T 228—2002[68] 的要求对试样进行加工，按板厚每组加工两件，共三组。材性试验在北京建筑大学院材料试验室万能试验机上进行。构件尺寸如图 2-4 所示，材性试验结果见表 2-7。

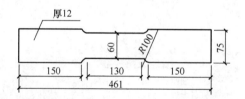 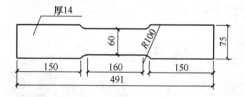

图 2-4 材性试验构件图

钢 材 试 验 参 数　　　　　　　　　　　　　　　　　表 2-7

试样	厚度 （mm）	屈服强度 （MPa）	抗拉强度 （MPa）	弹性模量 E （×10⁵MPa）	E_{st} （GPa）	屈服应变 （%）	伸长率 （%）	颈缩率 （%）
S1-1	12	360	530	1.970	3.94	0.182	29	50
S1-2	12	365	530	1.795	3.59	0.203	30.5	55
均值	12	362.5	530	1.883	3.77	0.193	29.75	52.5
S2-1	13	335	530	2.175	4.35	0.154	31	63
S2-2	13	340	530	1.695	3.39	0.201	30	60.5
均值	13	337.5	530	1.935	3.87	0.178	30.5	61.75
S3-1	14	350	485	1.620	3.24	0.216	30	69.5
S3-2	14	350	485	1.635	3.27	0.214	35.5	62
均值	14	350	485	1.628	3.26	0.215	32.75	65.75

2.3　钢框架梁柱 T 字形抗震节点试验研究

2.3.1　SP1-1 梁端加宽（焊接）-翼缘削弱型节点

2.3.1.1　试验现象

试件从开始加载至层间位移角 0.015rad 时，处于弹性状态，之后试件开始屈服，对应的节点承载力为 274kN，继续加载，节点承载力不断提高；试件在层间位移角达到 0.03rad 时，达到极限承载力 359kN，梁上、下翼缘加宽位置变截面处出现屈曲［如图 2-5 (a) 所示］，梁端有轻微扭转现象；当加载至 0.04rad 层间位移角时，第一个循环加载中梁下翼缘发生较为明显屈曲，但翼缘变形最大位置并不在削弱最深处，而是偏于加宽一侧［如图 2-5 (b) 所示］；梁腹板在加载至第二个循环时出现较为明显屈曲，试件承载力下降到 327kN；加载至 0.05rad 层间位移角加载时，梁翼缘和腹板屈曲加剧，此时梁翼缘削弱最深处屈曲最为严重［如图 2-5 (c) 所示］，节点承载力下降到 266kN，达到极限承载力 85% 以下，节点最终破坏形态如图 2-5 (d) 所示。塑性铰发生在梁翼缘削弱部位，实现了塑性铰外移的目的。加载过程中梁柱连接焊缝保持完好。

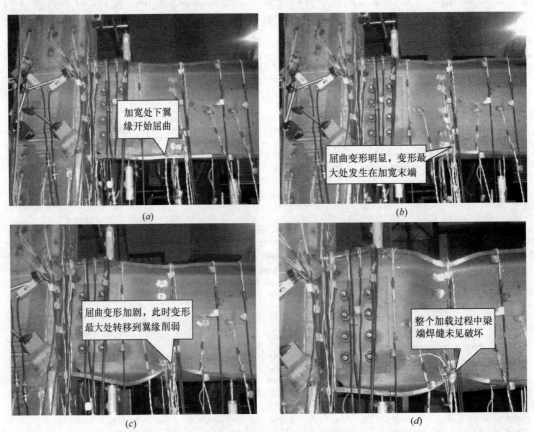

图 2-5　试件 SP1-1 破坏形态

(a) 0.03rad；(b) 0.04rad；(c) 0.05rad；(d) 最终破坏形态

2.3.1.2 应变变化规律

(1) 梁翼缘应变沿纵向的变化规律

图 2-6 为试件 SP1-1 梁下翼缘纵向应变图。由图 (b) 可以看出，在加载过程中，从梁屈服开始，梁的最大应变一直处于翼缘削弱最深处位置的监测点 C，其次较大的位置为加宽处的监测点 B，随着梁端位移的增加，梁屈服程度的加剧，削弱最深处和加宽处的应变都明显增加，但翼缘削弱最深处的应变远远大于加宽处，说明试件 SP1-1 能够使梁的最大应变位置转移到偏离梁端的削弱位置。

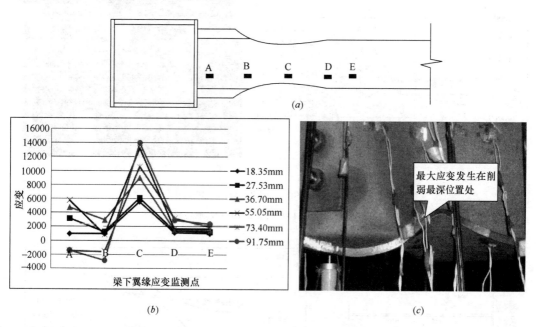

图 2-6 试件 SP1-1 梁翼缘纵向应变图
(a) 监测点位置示意；(b) 应变变化；(c) 最终破坏形态

(2) 梁翼缘应变沿横向的变化规律

图 2-7 为试件 SP1-1 梁翼缘横向应变图。由图 (b) 可以看出，在整个加载过程中，梁翼缘横向应力并没有沿梁翼缘对称轴呈对称分布，应力的最大位置一直发生在监测点 D。这是由于翼缘加宽是通过在型钢梁翼缘两侧焊接加宽板实现的，由于焊缝的缺陷及梁翼缘介质的不连续，使梁翼缘的横向应变在节点受力过程中不再呈对称状态。

(3) 梁腹板应变沿横向的变化规律

图 2-8 为试件 SP1-1 梁翼缘削弱处腹板横向应变图。由图 (b) 也可以看出，从梁端位移到达 73.40mm（对应层间位移角为 0.04rad）开始，梁腹板应变较之前明显增加，此时梁腹板已经发生了较大的屈曲变形。

(4) 梁腹板应变沿纵向的变化规律

图 2-9 为试件 SP1-1 梁腹板纵向应变图。由图 (b) 可以看出，腹板纵向应变最大位置发生在对应于翼缘削弱部位的监测点 B。从梁端位移达到 73.40mm（对应层间位移角到达 0.04rad）开始，监测点 B 应变值急剧增大，此时梁端塑性铰已经转移到削弱处。

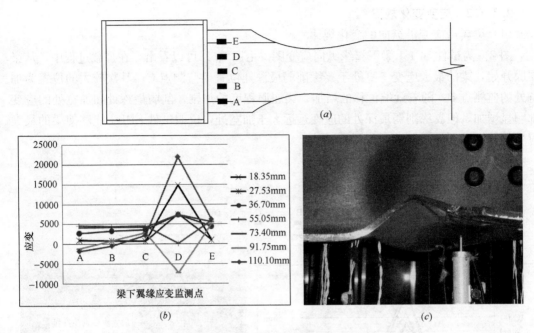

图 2-7　试件 SP1-1 梁翼缘横向应变图

(*a*) 监测点位置示意；(*b*) 应变变化；(*c*) 最终破坏形态

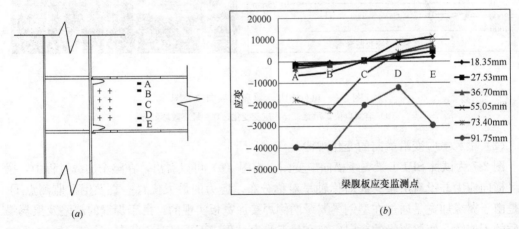

图 2-8　试件 SP1-1 梁腹板沿梁高方向应变图

(*a*) 监测点位置示意；(*b*) 应变变化

2.3.1.3　试件滞回性能

　　试件在往复荷载下的滞回曲线形状是其抗震性能的一个综合表现，滞回曲线越丰满，表明试件消耗地震能量的能力越强，抗震性能越好。图 2-10 为试件 SP1-1 的滞回曲线与骨架曲线。试验所得到的滞回曲线饱满，滞回环面积较大，说明试件有较好的耗能能力。

　　等效阻尼系数和延性系数是评价节点耗能能力和变形能力的重要指标。根据文献《土木工程结构试验》[69]，取滞回曲线中最后一个完整的滞回环计算等效阻尼系数 h_e；延性系

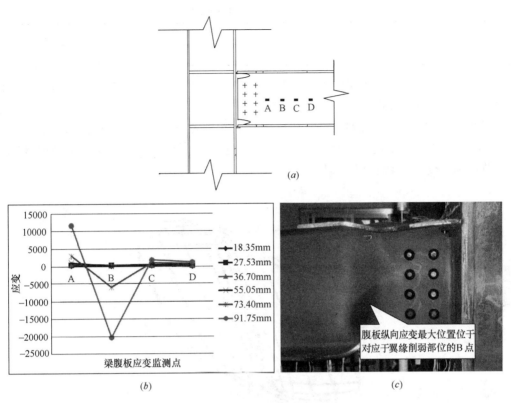

图 2-9 试件 SP1-1 梁腹板纵向应变图

（*a*）监测点位置示意；（*b*）应变变化；（*c*）最终破坏形态

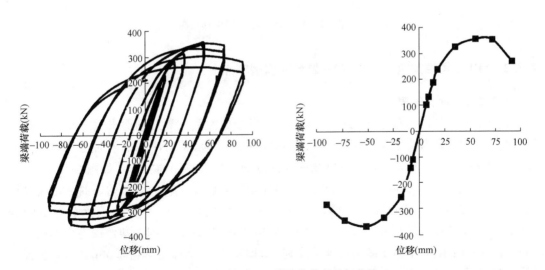

图 2-10 试件 SP1-1 滞回曲线与骨架曲线

数 μ 为承载力下降到极限承载力的 85％ 时，对应的位移与屈服位移之比。参照美国钢结构抗震规范（AISC 341—10）规定，试件在 $0.8M_p$ 时对应的层间位移角不小于 0.04 即满足节点塑性转角的要求。以上各参数见表 2-8。

	试件 SP1-1 主要性能参数			表 2-8
参数	极限承载力（kN）	延性系数 μ	等效阻尼系数 h_e	$0.8M_p$ 对应总转角
试验结果	359	4.20	0.459	0.045

从表 2-8 可以得出试件 SP1-1 延性系数大于 4，等效阻尼系数大于 0.4，能够满足钢框架梁柱节点延性和耗能的要求。

图 2-11 为试件 SP1-1 的梁端弯矩-层间位移角滞回曲线。从图中可以得出，$0.8M_p$（534kN·m）时对应的层间位移角为 0.045，满足层间位移角不小于 0.04 的塑性转动要求，节点具有较好的塑性耗能能力。

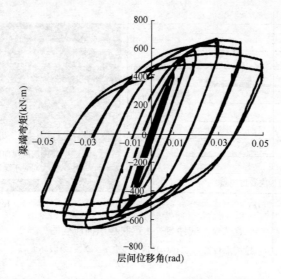

图 2-11 试件 SP1-1 梁端弯矩-层间位移角滞回曲线

2.3.2 SP1-2 梁端加宽（非焊接）-翼缘削弱型节点

2.3.2.1 试验现象

试件 SP1-2 层间位移角达到 0.015rad 时，拼接处左侧与翼缘削弱末端之间的下翼缘轻微鼓起；极限承载力值出现在 0.025 层间位移角时，为 357kN；试件在加载至第二个循环的 0.03rad 层间位移角时，梁下翼缘削弱最深处出现可见屈曲突起［如图 2-12（a）所示］。继续加载到 0.04rad 层间位移角时，削弱处梁翼缘发生较为明显的屈曲，正向进行第一个循环加载时，腹板即发生明显屈曲［如图 2-12（b）所示］，节点承载力下降到 279kN，达到极限承载力 85% 以下；层间位移角加载到 0.05rad 时，塑性铰完全形成［如图 2-12（c）所示］，节点承载力继续下降到 227kN；层间位移角达到 0.06rad 时，腹板及梁下翼缘严重屈曲，腹板与梁下翼缘连接处撕裂［如图 2-12（d）所示］。

2.3.2.2 应变变化规律

（1）梁翼缘应变沿纵向的变化规律

图 2-13 为试件 SP1-2 梁下翼缘纵向应变图。由图（b）可以看出，在加载过程当中，从梁屈服开始，梁的最大应变一直处于削弱的位置的监测点 C，其次较大的位置为加宽处

图 2-12 试件 SP1-2 破坏形态

（*a*）0.03rad；（*b*）0.04rad；（*c*）0.05rad；（*d*）最终破坏形态

的监测点 B，随着梁端位移的增加，梁屈服程度的加剧，削弱处和加宽处的应变都明显增加，但翼缘削弱最深处的应变远远大于加宽处，说明试件 SP1-2 能够使梁的最大应变位置转移到偏离梁端的削弱位置。

（2）梁翼缘应变沿横向的变化规律

图 2-14 为试件 SP1-2 梁下翼缘横向应变图。由图（*b*）可以看出，在梁端荷载处于 18.35mm～55.05mm 之间（对应层间位移角为 0.015rad～0.03rad 之间），梁端加宽处应变沿梁长对称分布，其中应变最大位置发生在监测点 C 上；而从层间位移角到达 0.04rad 开始，应变不再呈对称变化，监测点 A 应变突然从正值变化到负值，这是因为此时梁端加宽处塑性变形较大，影响到梁端应变，使其不能再呈对称变化趋势。

（3）梁腹板应变沿横向的变化规律

图 2-15 为试件 SP1-2 梁翼缘削弱处腹板横向应变图。由图（*b*）可以看出，从梁端位移到达 36.70mm（0.02rad）开始，梁腹板开始屈曲，而位于梁腹板对称轴的监测点 C 应力一直处于较小的状态，而越是接近梁翼缘，梁腹板的应变就越大。由于此图为梁端负向加载时梁腹板的应变图，此时梁的上翼缘变形最大，因此最靠近梁上翼缘的监测点 A 的应力均大于其他位置的应力。

（4）梁腹板应变沿纵向的变化规律

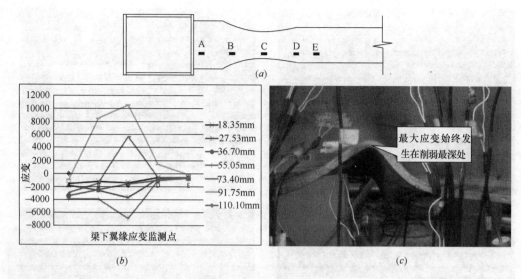

图 2-13 试件 SP1-2 梁翼缘纵向应变图

(*a*) 监测点位置示意；(*b*) 应变变化；(*c*) 最终破坏形态

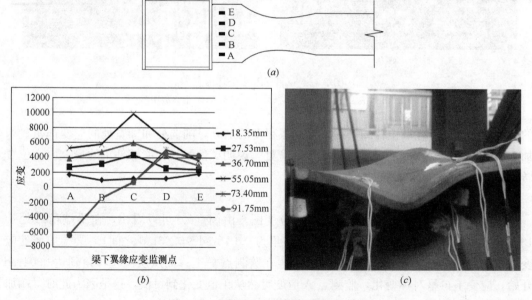

图 2-14 试件 SP1-2 梁翼缘横向应变图

(*a*) 监测点位置示意；(*b*) 应变变化；(*c*) 最终破坏形态

图 2-16 为试件 SP1-2 梁腹板纵向应变图。由图 (*b*) 可以看出，腹板纵向应变最大位置发生在对应于翼缘削弱部位的监测点 B。从梁端位移到达 73.40mm（0.04rad）开始，监测点 B 应变急剧增大，此时梁端塑性铰已经明显转移到削弱处。

2.3.2.3 试件滞回性能

图 2-17 为试件 SP1-2 试验所得的滞回曲线和骨架曲线。由图可知，试验所得到的滞回曲线饱满，滞回环面积较大，说明节点具有较好的耗能能力。试验中滞回曲线在正向加

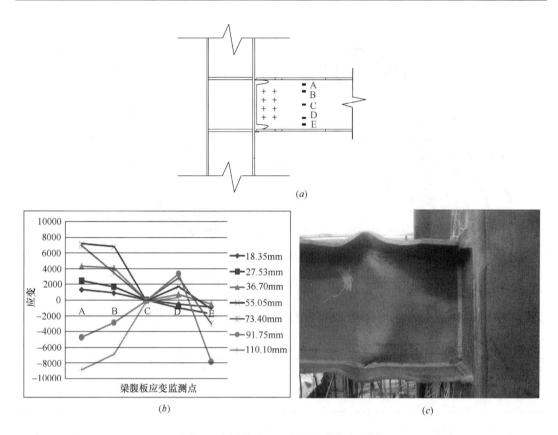

图 2-15 试件 SP1-2 梁腹板横向应变图

（*a*）监测点位置示意；（*b*）应变变化；（*c*）最终破坏形态

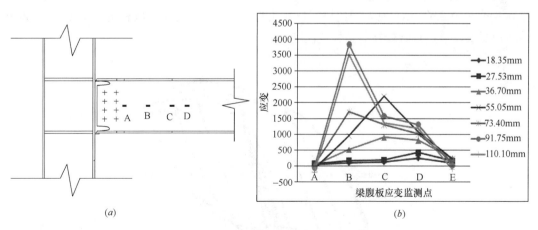

图 2-16 试件 SP1-2 梁腹板纵向应变图

（*a*）监测点位置示意；（*b*）应变变化

载时强度下降明显快于负向加载，根据试验现象可知，正向加载到荷载级别后期时，由于塑性铰的形成，梁下翼缘局部屈曲变形较大，到层间位移角达到 0.06rad 时，梁下翼缘与梁腹板连接处焊缝开裂，翼缘与腹板撕开，而上翼缘屈曲程度不及下翼缘严重，因此导致

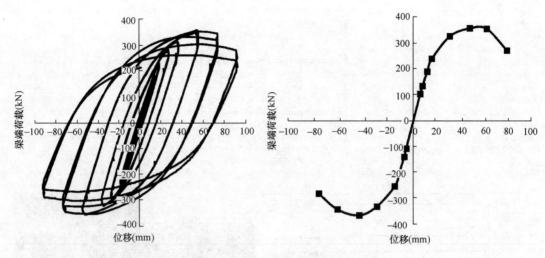

图 2-17 试件 SP1-2 滞回曲线和骨架曲线

正向加载承载力下降快于负向加载。试件的各项性能参数见表 2-9。

试件 SP1-2 主要性能参数 表 2-9

	极限承载力（kN）	延性系数 μ	等效阻尼系数 h_e	$0.8M_p$ 对应总转角
试验结果	357	4.13	0.497	0.044

从表 2-9 可以得出试件 SP1-2 延性系数大于 4，等效阻尼系数大于 0.4，能够满足钢框架梁柱节点延性和耗能的要求。

图 2-18 为试件 SP1-2 梁端弯矩-层间位移角滞回曲线。从图中可以得出，试件 SP1-2 在 $0.8M_p$（506kN·m）时对应的层间位移角为 0.044，满足层间位移角不小于 0.04 的塑性转动要求，节点具有较好的塑性耗能能力。

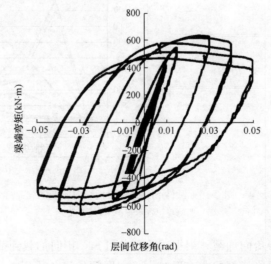

图 2-18 试件 SP1-2 梁端弯矩-层间位移角滞回曲线

2.3.3 SP1-3 梁端加厚-翼缘削弱型节点

2.3.3.1 试验现象

试件在层间位移角 0.015rad 时开始屈服 [如图 2-19（a）所示]，加载至 0.03rad 左右时，上翼缘削弱部位出现屈曲变形 [如图 2-19（b）所示]，试件达到极限承载力 364kN；继续加载至 0.04rad 层间位移角时，上翼缘削弱最深处出现明显的屈曲变形，同时腹板也稍有屈曲 [如图 2-19（c）所示]，此时节点承载力下降到达到极限承载力 85% 以下（308kN）；继续加载，承载力突然下降，发现梁上翼缘与柱连接焊缝开裂所致 [如图 2-19（d）所示]。后经检查焊缝开裂的原因是箱柱内隔板焊接位置与梁上翼缘并未对齐。

图 2-19　试件 SP1-3 破坏形态

（a）0.015rad；（b）0.03rad；（c）0.04rad；（d）最终破坏形态

2.3.3.2 应变变化规律

（1）梁翼缘应变沿纵向的变化规律

图 2-20 为翼缘削弱最深处纵向应变图。由图（b）可以看到，在加载过程中，从梁屈服开始，梁的最大应变一直处于翼缘削弱最深的监测点 D，其次较大的位置为翼缘削弱起始位置的监测点 C，这与试验现象相吻合。随着梁端位移的增加，梁屈服程度的加剧，翼缘削弱最深处应变明显增加，说明试件 SP1-3 能够使梁的最大应变位置转移到偏离梁端的削弱位置。

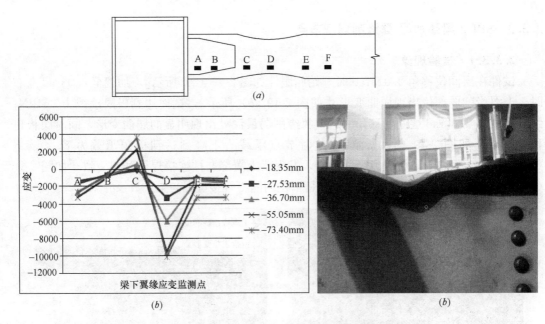

图 2-20 试件 SP1-3 梁翼缘纵向应变图

（a）监测点位置示意；（b）应变变化；（c）最终破坏形态

（2）梁翼缘应变沿横向的变化规律

图 2-21 为翼缘削弱最深处横向应变图。由图（b）可以看到，梁端位移加载到 55.05mm 之前，翼缘削弱处的应变基本呈对称趋势，当梁端位移加载到 73.40mm 时，削弱最深处一侧的应变迅速增大，另一侧应变值则与之相反，说明此时削弱位置两侧的变形相反，这一现象也与试验现象相吻合。

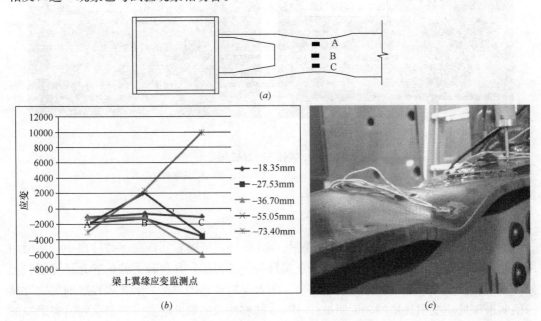

图 2-21 试件 SP1-3 梁翼缘横向应变图

（a）监测点位置示意；（b）应变变化；（c）最终破坏形态

2.3.3.3 试件滞回性能

图 2-22 为试件 SP1-3 试验所得的滞回曲线和骨架曲线。由滞回曲线及骨架曲线可以看到，节点在屈服之后，焊缝开裂之前，滞回曲线明显呈"梭形"，且极限承载力一直呈上升趋势，当上翼缘与柱连接处焊缝开裂后，承载力由峰值 364kN 直接下降至 119.1kN，之后正向加载时承载力仅由腹板承担，承载力不再上升，试验被迫结束。

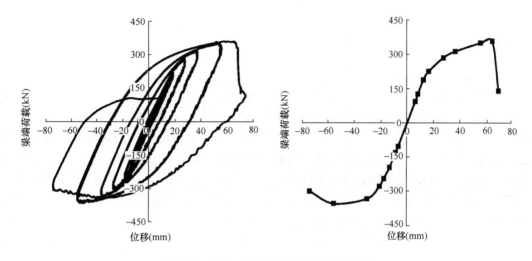

图 2-22 试件 SP1-3 滞回曲线和骨架曲线

从图 2-23 中可以看出，试件 SP1-3 在 $0.8M_p$（543.2kN·m）对应的层间位移角 0.04，满足层间位移角不小于 0.04 的塑性转动要求，节点具有较好的塑性耗能能力。

2.3.4 SP1 系列节点小结

（1）试验和理论分析结果表明，钢框架两种不同构造的梁端加宽型与削弱型并用梁柱节点，在地震作用下均能让塑性铰在预先设计的梁端一定位置形成，从而有效地保护梁柱焊缝，两种节点的极限承载力、延性性能、耗能能力及塑性变形能力较为接近，均能满足规范规定的抗震性能要求；

（2）钢框架梁端加宽（焊接）-翼缘削弱型节点由于加宽部位焊接引起节点受力过程中型钢梁翼缘应变分布不均匀的现象，对节点的受力性能稍有影响。而梁端加宽（非焊接）-翼缘削弱型节点加宽处无焊缝，

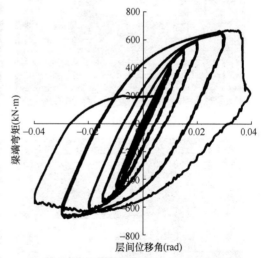

图 2-23 试件 SP1-3 梁端弯矩-层间位移角滞回曲线

梁翼缘横向应变分布均匀，且工厂焊接短梁后，可避免梁端工地焊缝；两种节点极限荷载、延性系数、等效黏滞阻尼系数等抗震性能指标相差不大；

（3）根据梁端加厚-翼缘削弱型节点的试验与有限元分析结果，可以得出梁端加厚与

翼缘削弱并用的节点改进方式，同样能够达到让梁端塑性铰外移的目的，梁翼缘削弱位置较为明显的屈曲变形能够实现震中耗能。由于加载后期梁柱焊缝开裂，试验没能加载到预期的层间位移角，但是有限元分析结果表明其有着同样良好的延性性能及耗能能力；

（4）钢框架梁端加强与削弱并用的刚性节点能实现塑性铰外移的目的，避免了传统节点的脆性断裂现象，具有良好的耗能和塑性变形能力，且加强式节点和削弱式节点的双重优势能够得到充分发挥，可供实际工程选用。

2.3.5　SP2 梁端梯形加宽节点

2.3.5.1　试验现象

层间位移角达到 0.015rad 时，节点开始屈服，继续加载至 0.03rad 时，试件达到极限承载力 467.9kN，梁拼接处下翼缘发生局部屈曲。层间位移角第二次到达正向 0.03rad 时，梁端加宽处上翼缘出现可见局部屈曲［如图 2-24（a）所示］；随着层间位移角的增加，梁端加宽处上翼缘的局部屈曲越加明显，当层间位移角到达 0.04rad 时，节点承载力开始下降到 449kN，梁端加宽处下翼缘也发生了明显的局部屈曲［如图 2-24（b）所示］；待层间位移角到达 0.05rad 时，加宽处末端下翼缘出现明显局部屈曲，且腹板开始发生屈曲现象，梁加载端扭转较大，此时梁腹板及梁上、下翼缘均有不同程度的掉漆现象［如图 2-24（c）所示］，节点的承载力下降到 380kN；随着层间位移角的增加，梁腹板及梁上下

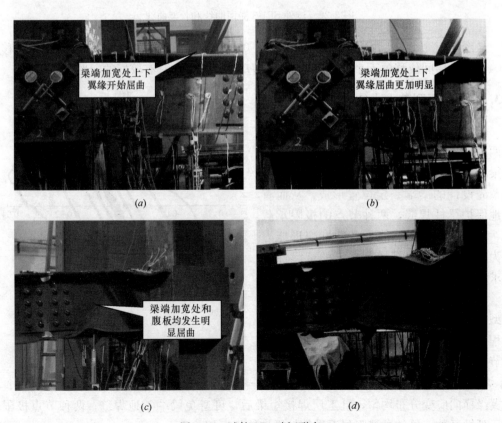

（a）　　　　　　　　　　　　　　　（b）

（c）　　　　　　　　　　　　　　　（d）

图 2-24　试件 SP2 破坏形态

（a）0.03rad；（b）0.04rad；（c）0.05rad；（d）最终破坏形态

翼缘的屈曲更加严重［如图 2-24（d）所示］。待层间位移角到达 0.06rad 时，节点承载力下降到 360kN。整个加载过程中梁柱连接处焊缝以及梁拼接处焊缝均未发生破坏。

2.3.5.2　应变变化规律

（1）梁翼缘应变沿纵向的变化规律

图 2-25 为梁上翼缘纵向应变变化规律图。由图（b）可以看出，在整个加载过程中，柱加劲肋上的应变一直很小。翼缘最大应变发生在监测点 D 和 F，分别为梁端加宽板末端和梯形加宽末端。由梁的实际变形图也可以看出，梁上翼缘局部屈曲发生在监测点 D 处，下翼缘局部屈曲发生在监测点 F 处，他们的位置均与梁端有一定的距离，能够达到塑性铰外移的目的。

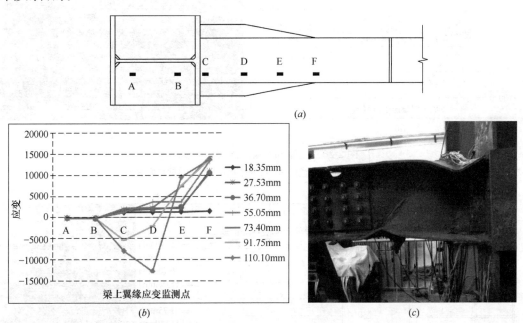

图 2-25　试件 SP2 梁翼缘纵向应变图

（a）监测点位置示意；（b）应变变化；（c）最终破坏形态

（2）梁翼缘应变沿横向的变化规律

图 2-26 为试件 SP2 梁上翼缘横向应变片的应变变化规律图。由图（b）可知，应变在梁端位移到达 36.70mm（0.02rad）之前分布比较均匀，从 55.05mm（0.03rad）开始，各位置的应变开始呈不同程度的变化。但应变相对于监测点 C 呈反对称型，最大应变发生在监测点 B 和 D；由梁的实际变形图可知，梁翼缘左端呈上凸形，而右端呈下凹形，应变图与实际变形相符。

（3）梁腹板应变沿横向的变化规律

图 2-27 为试件 SP2 梁端加宽板末端的腹板横向应变变化规律图。由图（b）可知，梁腹板上位于对称轴上的监测点 C 在加载过程中一直呈均匀变化趋势，且应变值较小，而位于腹板上靠近梁上下翼缘的监测点 A 和 E，在位移加载到 91.75mm（0.05rad）时应变突然增长，此时梁上下翼缘均已发生了较大的局部屈曲。

（4）梁腹板应变沿纵向的变化规律

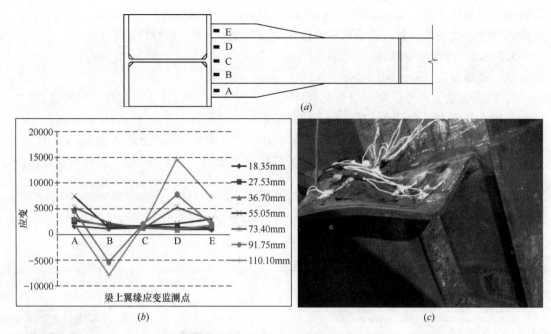

图 2-26 试件 SP2 梁翼缘横向应变图
(a) 监测点位置示意；(b) 应变变化；(c) 最终破坏形态

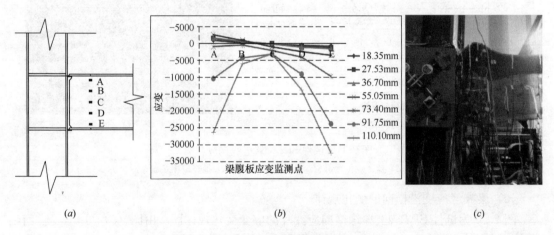

图 2-27 试件 SP2 梁腹板横向应变图
(a) 监测点位置示意；(b) 应变变化；(c) 最终破坏形态

图 2-28 为试件 SP2 梁腹板纵向应变片的应变变化规律图。由图 (a) 可知，最大应变一直发生在距离梁柱连接端部的监测点 A，且最大应变只有腹板横向最大应变的 45%，说明梁腹板对称轴上的应变不大，在整个加载过程中变形较小。

2.3.5.3 试件滞回性能

图 2-29 为试件 SP2 滞回曲线及骨架曲线。由图可知，试验所得到的滞回曲线饱满，滞回环面积较大，说明试件具有较好的耗能能力。由于钢柱与支撑的连接处出现滑移，滞回环中曲线出现了不连贯现象。

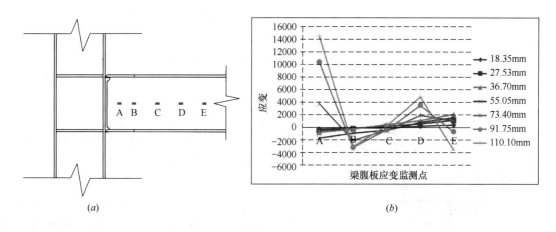

图 2-28 试件 SP2 梁腹板纵向应变图

(a) 监测点布置示意；(b) 应变变化

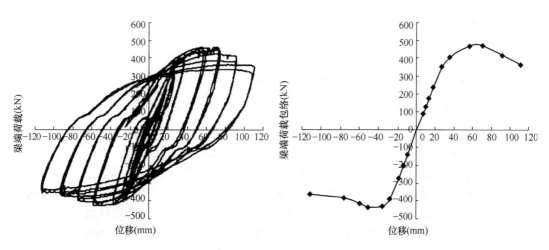

图 2-29 试件 SP2 滞回曲线及骨架曲线

由试件的骨架曲线可以看出，试件在层间位移角加载到 0.04rad 时达到其峰值承载力，在接下来的加载过程中，节点的承载力开始下降，待层间位移到达 0.06rad 时，梁端荷载下降到峰值的 85% 以下，试件完全破坏。节点的各项性能参数见表 2-10。

试件 SP2 主要性能参数   表 2-10

	极限承载力（kN）	延性系数 μ	等效阻尼系数 h_e	$0.8M_p$ 对应总转角
试验结果	467.9	5.409	0.402	0.048

从表 2-10 可以得出试件 SP2 延性系数大于 4，等效阻尼系数大于 0.4，能够满足钢框架梁柱节点延性和耗能的要求。

图 2-30 为试件 SP2 梁端弯矩-层间位移角滞回曲线图。试件 SP2 在负向加载 0.04 层间位移角时 $0.8M_p$（707kN·m）对应的层间位移角 0.048，满足层间位移角不小于 0.04

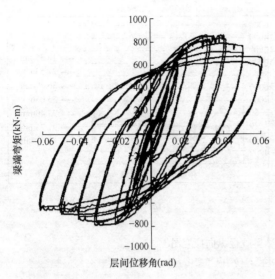

图 2-30　试件 SP2 梁端弯矩-层间位移角滞回曲线

的塑性转动要求，节点具有较好的塑性耗能能力。

2.3.5.4　SP2 节点小结

（1）在循环往复荷载作用下，梁端梯形加宽节点的塑性铰发生在梯形加宽末端，局部屈曲变形大，实现了塑性铰外移的目的；保护梁端焊缝，使梁端焊缝在整个加载过程中未破坏，提高了节点的延性性能；

（2）试件的滞回曲线饱满，滞回环面积大，消耗较多能量，说明节点延性及耗能能力良好。

（3）梁端梯形加宽节点的各项抗震指标均能满足规范的要求，且不像削弱型节点加工要求高，关键截面削弱钢材，因此，推荐梁端梯形加宽节点应用于工程实际。

2.3.6　SP3-1 梁端加厚-翼缘单盖板削弱型节点

2.3.6.1　试验现象

从开始加载至 0.015rad 层间位移角的负向第二循环时，拼接处上翼缘拼接板削弱处有屈曲拱起现象，如图 2-31（a）所示，但下翼缘拼接板拱起现象不明显；随着加载的继续，节点承载力继续升高，拼接板上翼缘削弱处屈曲拱起现象愈发严重，如图 2-31（b）所示，下翼缘拼接板也出现了相同的屈曲现象。但当反向加载时，因正向加载时拼接板所产生的屈曲现象会消失，试件承载力一直处于上升阶段；待层间位移角到达 0.05rad 时，梁上翼缘盖板末端与拼接板之间部位出现轻微屈曲现象，如图 2-31（c）所示，说明此时翼缘拼接板基本已退出工作；层间位移角加载到 0.06rad 时，节点达到极限承载力404.7kN，正向加载第一循环梁下翼缘盖板末端与拼接板之间部位也出现了明显的屈曲现象。直到加载至作动器量程限值，试件尚未出现承载力下降的现象。整个加载过程中梁柱连接处焊缝未发生破坏。试件的最终变形形态如图 2-31（d）所示。

2.3.6.2　应变变化规律

（1）梁翼缘应变沿纵向的变化规律

由图 2-32 可以看出，层间位移角在 0.03rad 之前，应变最大位置发生在翼缘拼接板削弱最深处及其两侧位置，在试验现象中的表现为翼缘拼接板削弱最深处的拱起现象，并随着它的变形带动了与其距离最近的两侧位置的变形；随着层间位移角的增加，翼缘拼接板渐渐退出工作，梁端加厚板末端与拼接板之间部位开始屈曲变形，应变最大处由翼缘拼接板削弱位置转移到此处。由应变图也可以看出，削弱的翼缘拼接板可以起到第一道防线的作用，且待其退出工作后，梁端的加厚板也可以保证塑性铰偏离梁端，达到保护梁端焊缝的目的。

（2）梁腹板应变沿纵向的变化规律

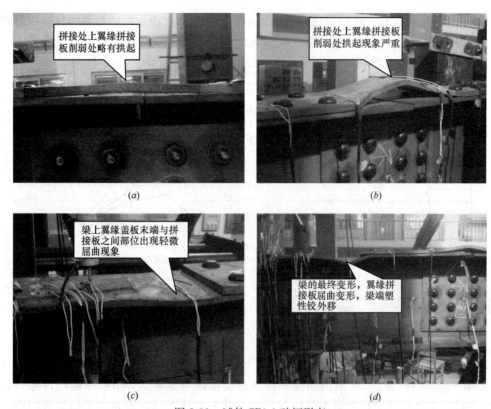

图 2-31 试件 SP3-1 破坏形态

(*a*) 0.015rad；(*b*) 0.02rad；(*c*) 0.05rad；(*d*) 最终破坏形态

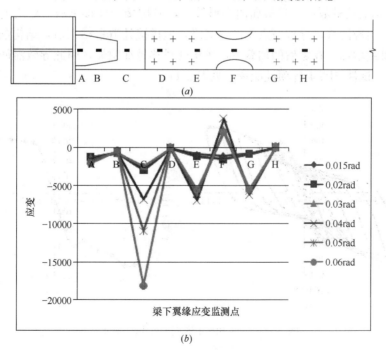

图 2-32 试件 SP3-1 梁翼缘纵向应变图

（*a*）监测点位置示意；（*b*）应变变化

由图2-33可以看到，从层间位移角到达0.04rad开始，由于削弱的翼缘拼接板渐渐退出工作，腹板上对应于梁端加宽末端与拼接板之间位置的应变开始出现较明显的增幅，说明此处已开始逐渐形成塑性铰，应变图显示结果与试验现象相吻合。

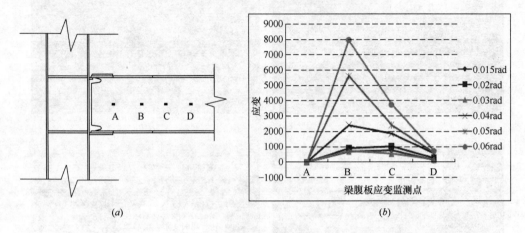

(a) (b)

图2-33 试件SP3-1梁腹板纵向应变图

（a）监测点位置示意；（b）应变变化

2.3.6.3 试件滞回性能

由图2-34试件SP3-1的滞回曲线和骨架曲线可以明显看出，节点在层间位移角到达0.03rad时，节点承载力较之前加载后得到的承载力有所下降，但在之后的加载当中，节点承载力又持续上升，且滞回曲线的"捏拢"效应明显。这是因为层间位移角达到0.03rad时，削弱后的翼缘拼接板屈曲变形较大，使拼接处连接承载力较之前有较明显的下降，拼接处出现滑移，导致节点刚度的突降，但拼接处滑移结束后，结构恢复稳定，节点承载力又继续增加。在之后的加载中，拼接处滑移越加明显，因此导致滞回曲线出现明显的"捏拢"。试件SP3-1各项性能参数见表2-11。

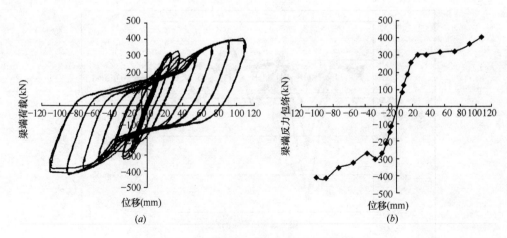

(a) (b)

图2-34 试件SP3-1滞回曲线与骨架曲线

（a）滞回曲线；（b）骨架曲线

	极限承载力（kN）	延性系数 μ	等效阻尼系数 h_e	$0.8M_p$ 对应总转角
	试件 SP3-1 主要性能参数			表 2-11
试验结果	404.7	6.0	0.265	0.059

从表 2-11 可以得出试件 SP3-1 延性系数大于 4，能够满足钢框架梁柱节点延性的要求。但是其等效阻尼系数相对偏小，节点耗能表现一般，不及试件 SP1、SP2 系列节点。

图 2-35 为试件 SP3-1 梁端弯矩-层间位移角滞回曲线图。试件 SP3-1 在 $0.8M_p$（594.1kN·m）时对应的层间位移角为 0.059，满足层间位移角不小于 0.04 的塑性转动要求。

2.3.7 SP3-2 梁端加厚-翼缘单盖板削弱型节点

2.3.7.1 试验现象

从开始加载至 0.02rad 层间位移角的正向第一循环时，拼接处腹板有明显错动，梁下翼缘拼接板中部削弱处屈曲变形 [如图 2-36（a）所示]；层间位移角 0.03rad 对应的试件承载力到达 364kN，梁上下翼

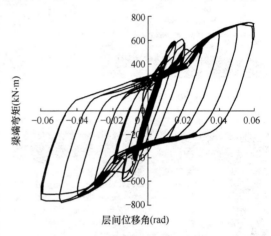

图 2-35 试件 SP3-1 梁端弯矩-层间位移角滞回曲线

缘和腹板均未发生屈曲，而翼缘拼接板中部屈曲越加严重，且当梁端荷载方向改变时，屈曲变形不能恢复 [如图 2-36（b）所示]。随着继续加载，梁翼缘拼接板削弱处的变形越来越大，而承载力持续上升；当加载至 0.05rad 时，试件承载力到达 426kN，梁上翼缘加厚末端与上翼缘拼接板之间部位屈曲变形 [如图 2-36（c）所示]。当加载至 0.06rad 时，翼缘拼接板屈曲变形加剧 [如图 2-36（d）所示]，对应的承载力 451kN。与试件 SP3-1 相同，直到加载至作动器量程限值，试件并未出现承载力下降的现象。整个加载过程中梁柱连接处焊缝未发生破坏。梁的最终变形形态如图 2-36（e）所示。

2.3.7.2 应变变化规律

（1）梁翼缘应变沿纵向的变化规律

由图 2-37 可以看出，梁翼缘纵向应变的最大值发生在位于翼缘拼接板的削弱最深处的监测点 F。在梁端位移到达 55.05mm 时，监测点 F 应变值突增，此时翼缘拼接板已经发生明显屈曲变形。由此可知，翼缘拼接板的削弱可以有效吸收地震能量，使梁的塑性铰远离梁端。由于在后续加载中拼接板变形较大，使应变片脱落，因此梁翼缘纵向应变图只显示到 73.40mm。

（2）梁腹板应变沿纵向的变化规律

由图 2-38 可知，梁腹板纵向最大应变发生在监测点 B，此点对应于梁上下翼缘盖板加强末端。在梁端荷载加载到 110.10mm 时，梁的上翼缘盖板加强末端与翼缘拼接板之间部位已经发生了较大的屈曲变形，塑性铰出现在对应于盖板加强末端，导致梁腹板 B 监测点位置应变突增。

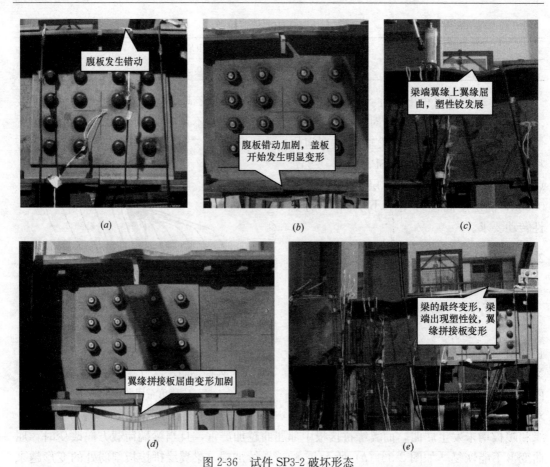

图 2-36　试件 SP3-2 破坏形态

(a) 0.02rad；(b) 0.03rad；(c) 0.05rad；(d) 0.06rad；(e) 梁的最终变形

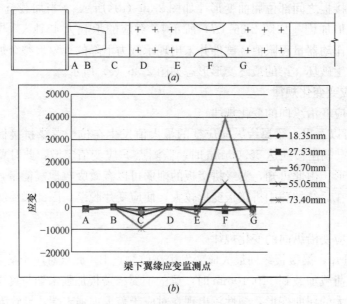

图 2-37　试件 SP3-2 梁翼缘纵向应变图

(a) 监测点位置示意；(b) 应变变化

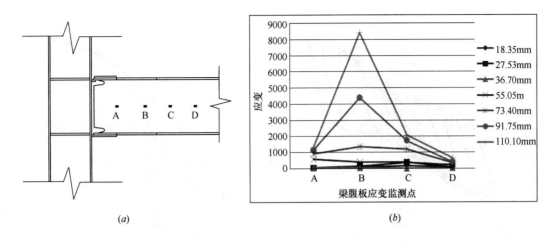

图 2-38　试件 SP3-2 梁腹板纵向应变图
（*a*）监测点位置示意；（*b*）应变变化

（3）梁腹板应变沿横向的变化规律

图 2-39 为试件 SP3-2 梁腹板横向应变图。由图可知，在梁端荷载加载到 110.10mm 之前，梁的横向应变基本上为以监测点 C 为中心对称变化。而在梁端荷载到达 110.10mm 时，梁腹板上监测点 B 的应变突然增大。此时监测点 B 所对应的梁的上翼缘已经发生了较大的屈曲变形。

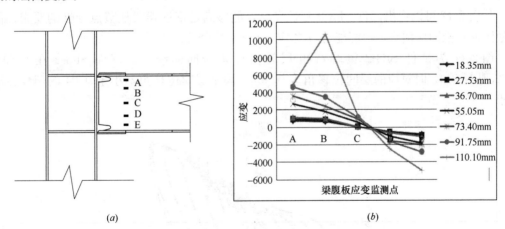

图 2-39　试件 SP3-2 梁腹板横向应变图
（*a*）监测点位置示意；（*b*）应变变化

2.3.7.3　试件滞回性能

图 2-40 为试件 SP3-2 的滞回曲线和骨架曲线，可以明显看出，试件在整个加载过程中节点的承载能力始终处于上升阶段，并未出现下降。试验加载至作动器限值方才停止。

由试件的滞回曲线可以看到，滞回环出现了明显的"捏拢"现象。这是由于梁的拼接位置腹板的相对滑移较大造成的。节点的各项性能参数见表 2-12。

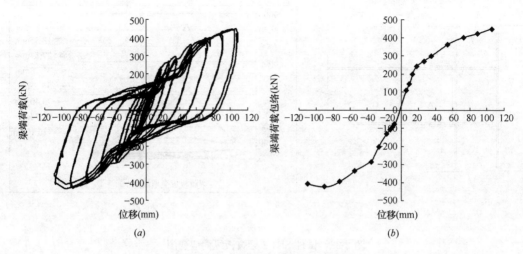

图 2-40 试件 SP3-2 滞回曲线与骨架曲线

（a）滞回曲线；（b）骨架曲线

试件 SP3-2 主要性能参数 表 2-12

	极限承载力（kN）	延性系数 μ	等效阻尼系数 h_e	$0.8M_p$ 对应总转角
试验结果	451	6.0	0.219	0.057

从表 2-12 可以得出试件 SP3-2 延性良好，能够满足钢框架梁柱节点延性的要求；但等效阻尼系数同样偏小，耗能能力较之 SP3-1 又有所降低。

图 2-41 为试件 SP3-2 梁端弯矩-层间位移角滞回曲线图。试件 SP3-2 在 $0.8M_p$（662.1kN·m）时对应的层间位移角为 0.059，满足层间位移角不小于 0.04 的塑性转动要求。

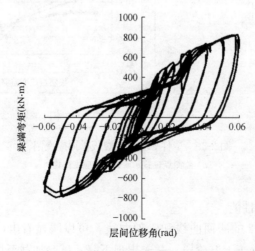

图 2-41 试件 SP3-2 梁端弯矩-层间位移角滞回曲线

2.3.7.4 SP3 系列试件试验小结

	SP3 系列试件抗震性能总结	表 2-13

	SP3-1 梁端加强-翼缘单盖板削弱型节点 （削弱深度＝43mm，拼接板厚＝14mm）	SP3-2 梁端加强-翼缘单盖板削弱型节点 （削弱深度＝50mm，拼接板厚＝16mm）
节点形式		
滞回曲线		
梁翼缘纵向 应变规律		
极限承载力	404.7kN	451kN
延性系数	6.0	6.0
等效 阻尼系数	0.265	0.219
$0.8M_p$ 对应 总转角	0.060	0.059
梁端焊缝 情况	完好	完好

1. 从表 2-13 中总结可知，试件 SP3-1 与 SP3-2 节点进入到塑性铰发展阶段成功地将塑性铰转移到距离梁端一定距离的位置，能够实现保护梁端焊缝；

2. 试件 SP3-1 和 SP3-2 的荷载-位移滞回曲线有一定的捏拢，这与其拼接板屈曲变形后深拼接处相对转动现象相符合，对节点耗能产生了一些不利的影响，但其延性和塑性转动能力较好。

3. 由试件 SP3-1 和 SP3-2 的翼缘纵向应变规律可以看出，翼缘拼接板的削弱可以有效吸收地震能量，成为节点抗震的"第一道防线"；在翼缘拼接板破坏之后，可将其更换，避免切除焊缝时过火对母材造成的伤害，有利于震后的修复和加固。

第 3 章　钢框架梁柱 T 字形抗震节点
非线性有限元分析

为了更好地掌握很多难以通过试验测量得到的改进型钢框架梁柱刚接节点的受力特性，以弥补试验条件的局限性，对改进型节点受力性能有更准确、更全面的认识，本章通过 ABAQUS 有限元分析软件，对钢框架梁柱 T 字形抗震节点的连接节点试验构件进行了非线性有限元分析，将分析结果与试验结果进行了对比，从而得到关于此类改进型节点的设计建议。

3.1　钢框架梁柱 T 字形抗震节点有限元模型的建立

利用大型结构设计软件对结构进行弹性和塑性受力分析，现已成为结构工程师必不可少的工作内容。随着信息技术的快速发展，各种有限元分析软件的推陈出新，越来越多的结构分析软件可以高效地对高度非线性问题进行分析和处理。

3.1.1　ABAQUS 有限元分析方法概述

1. ABAQUS 有限元软件简介

ABAQUS 是一款通用有限元分析软件，可以用来处理高度非线性问题。ABAQUS 包含一个全面支持求解器的前、后处理模块，称为 ABAQUS/CAE，以及两个主求解器模块——ABAQUS/Standard 和 ABAQUS/Explicit。ABAQUS/CAE 是 ABAQUS 的交互式图形环境，包括了模型建模、交互式提交作业、监控运算过程（以上又称前处理）和结果评估（又称后处理）等。其中前处理分为：Part（定义部件）-Property（定义材料性质）-Assembly（模型装配）-Step（定义分析步）-Interaction（定义接触关系）-Load（定义荷载及边界条件）-Mesh（网格划分）-Job（作业提交）共八个模块，后处理为 Visualization（可视化）一个模块，详细过程读者可见第 5 章的有限元分析实例。ABAQUS/Standard 为通用分析模块，可以进行静态分析、动态分析、结构热响应分析以及非线性耦合物理场分析等。ABAQUS/Explicit 可进行显示动态分析，适用于模拟短暂、瞬时的动态事件，如冲击和爆炸等高度非线性问题[70]。本文中的有限元分析是利用 ABAQUS/Standard 模块完成的。

2. ABAQUS 材料非线性的基本方法

金属材料的弹塑性变形行为如图 3-1 所示：在应变较小时，材料处于线弹性状态，弹性模量 E 是一个常数，不随应力和应变的变化而变化，在 ABAQUS 中，材料的弹性部分通过弹性模量（$E=2.06\times10^5\,\text{N}/\text{mm}^2$）和泊松比（$\mu=0.3$）来定义；当材料的应力超过屈服应力之后，材料进入弹塑性受力阶段，此时材料的总应变为弹性应变与塑性应变之和，其中弹性应变在卸载后可以恢复，而塑性应变在卸载后不可恢复，且材料的弹性模量

E 不再是一个常数，材料刚度也有显著的降低；如果再继续加载，材料的屈服应力会提高，材料进入硬化阶段。在 ABAQUS 中，钢材的塑性性能的数据以应力-应变曲线形式给出，应力-应变关系采用三线形关系，如图 3-2 所示。

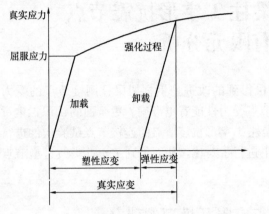

图 3-1　材料的弹塑性行为示意图　　　　图 3-2　钢材简化应力-应变关系图

在 ABAQUS 中钢材材性试验中得到的数据分别定义为名义应变 ε_{nom} 和名义应力 σ_{nom}，为了准确描述大变形过程中截面面积的改变，需要将名义应变 ε_{nom} 和名义应力 σ_{nom} 转化为真实应变 ε_{true} 和真实应力 σ_{true}，它们之间的关系式为：

$$\varepsilon_{true} = \ln(1 + \varepsilon_{nom}) \tag{3-1}$$

$$\sigma_{true} = \sigma_{nom}(1 + \varepsilon_{nom}) \tag{3-2}$$

其中真实应变 ε_{true} 由弹性应变 ε_{el} 和塑性应变 ε_{pl} 叠加而成。在 ABAQUS 中定义材料的塑性性质时，需要使用塑性应变 ε_{pl}，它与其他参数的关系为：

$$\varepsilon_{pl} = |\varepsilon_{true}| - |\varepsilon_{el}| = |\varepsilon_{true}| - \frac{|\sigma_{true}|}{E} \tag{3-3}$$

3. 塑性理论重要法则在 ABAQUS 的选取

（1）屈服准则

屈服准则是为了确定材料是在弹性范围内还是已经进入塑性流动状态。材料开始进入塑性变形时处于怎样的应力状态则是由初始屈服条件决定。屈服准则包括 Mises 屈服准则、Drucker-Prager 屈服准则、Tresca 屈服准则以及 Mohr-Coulomb 屈服准则等，在工程实际中则根据不同的材料性质选用不同形式的屈服准则[71]。本文中的分析采用 Mises 屈服准则，对于三维应力空间，Mises 屈服条件表示为：

$$\frac{1}{6}\left[(\sigma_1 - \sigma_2)^2 + (\sigma_2 - \sigma_3)^2 + (\sigma_3 - \sigma_1)^2\right] - \frac{1}{3}\sigma_y^2 = 0 \tag{3-4}$$

（2）流动准则

流动准则是为了定义材料在进入塑性状态后，材料的塑性变形在应力状态中以怎样的规律和形式流动。本文中采用流动准则为 Mises 流动准则。

（3）硬化准则

硬化准则规定了材料进入塑性变形后的后继屈服面的形式。ABAQUS 中给出了多种硬化准则,包括各向同性硬化准则、随动硬化屈服准则、混合硬化屈服准则及用户自定义硬化准则。

1)各向同性硬化屈服准则:其屈服面与开始屈服面相比不断扩大,当屈服面的扩大程度在各个方向上都相同时,硬化就是各向同性的,如图 3-3 所示。

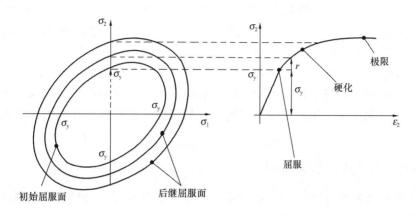

图 3-3 各向同性硬化准则示意图

2)随动硬化屈服准则:其屈服面在应力空间上作刚体移动而没有转动,初始屈服面的大小、形状和方向保持不变,如图 3-4 所示。

3)混合硬化屈服准则:各向同性硬化与随动硬化的结合,在出现塑性的循环加载时,在每一个循环内,随动硬化是主要硬化过程,随着循环次数的增多,屈服面的各向同性硬化现象也越加明显,如图 3-5 所示。

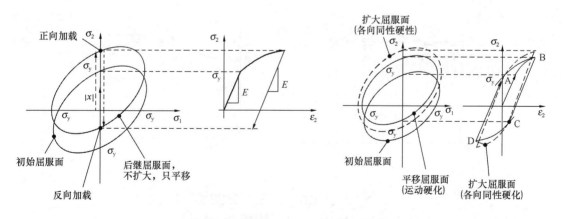

图 3-4 随动硬化屈服准则示意图　　　　图 3-5 混合硬化屈服准则示意图

为了模拟材料的包辛格效应,即具有强化性质的材料由于塑性变形的增加,屈服极限在一个方向上提高,同时在反方向上降低的性质,在分析中采用混合硬化屈服准则进行模拟。

4. ABAQUS 几何非线性的基本方法

当位移的大小影响到结构的响应时,需要考虑几何非线性的影响,例如大位移或大转动、突然翻转、初应力或载荷刚性化等[72]。此时几何方程不能再简化为线性形式，即应变表达式中必须包含位移的二次项。在 ABAQUS 分析中，通过打开几何非线性开关 Nl-geom 来实现几何非线性对计算结果的影响。

5. 高强螺栓预紧力的模拟

高强螺栓的性能等级有 10.9 级和 8.8 级，螺栓预拉力通过扭紧螺帽实现。一般采用扭矩法、转角法或扭掉螺栓梅花头来控制预拉力。本文中采用 10.9 级扭剪型高强螺栓，公称直径分别为 M20 和 M22。在 ABAQUS 中，利用 BoltLoad 对高强螺栓的预紧力进行模拟，螺栓预紧力可在文献［7］中查到。

6. 焊缝的模拟

考虑到焊缝的延性与钢材的不同以及工地焊缝和工厂焊缝的不同，本文所研究分析的节点模型中分别定义了钢材和焊缝不同的材料属性，焊缝材料材性指标的取法见参考文献[74]。

3.1.2 试件材料参数的选取

分析试件全部采用 Q345B 钢，应力应变采用考虑强化和下降段的三折线模型，如图 3-6 （a）所示。根据第二章所得材性试验数据，$\sigma_y = 360\mathrm{MPa}$，$\varepsilon_y = 0.182\%$，$E = 1.97 \times 10^5 \mathrm{MPa}$，$\sigma_u = 530\mathrm{MPa}$，$\varepsilon_u = 4.46\%$，$\sigma_{st} = 416\mathrm{MPa}$，$\varepsilon_{st} = 7.34\%$，泊松比 $\nu = 0.3$。

高强螺栓的应力-应变关系与 Q345B 钢不同，采用模型为只考虑强化阶段三折线模型，如图 3-6 （b）所示。螺栓材性指标的取值参照参考文献［75］。

焊条采用 E50 型，其应力-应变关系模型与高强螺栓相同，如图 3-6 （b）所示。材料材性指标的取法见参考文献［76］。

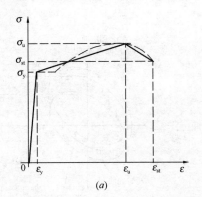
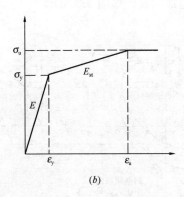

图 3-6 材料应力-应变三折线模型
（a）Q345B 钢；（b）高强螺栓和焊缝

3.1.3 单元选取及网格划分

在 ABAQUS/Standard 中，完全二次实体单元对体积自锁较为敏感，因此不适用于弹塑性问题的模拟[79]。采用 8 节点六面体线性减缩积分单元 C3D8R 进行结构的网格划分。在柱子和梁靠近节点处网格尺寸细化，网格大小约 30mm²，其他位置 60mm²，且沿梁、柱、剪力板厚度方向至少划分两个单元。

3.1.4 边界条件及加载制度

与试验构件的边界条件相同，柱底和柱顶分别为铰接连接，柱顶施加轴力，梁端施加位移往复荷载，且在位移荷载施加之前，对高强螺栓施加预紧力。在距离柱面 1000mm 的位置上约束住梁的平面外位移，模拟梁的侧向支撑，如图 3-7 所示。

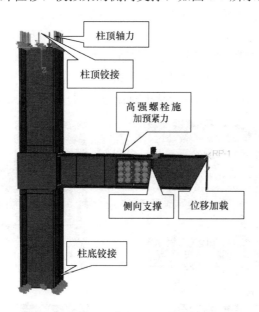

图 3-7　边界条件示意图

3.2　SP1-1 梁端加宽（焊接）-翼缘削弱型节点

3.2.1 试件模型图

试件 SP1-1 照片与模型如图 3-8 所示。

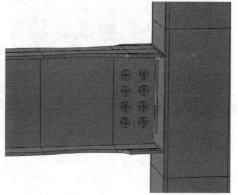

图 3-8　试件 SP1-1 照片与模型

3. 2. 2 塑性铰形成及发展

图 3-9 为构件在不同层间位移角下的应变云纹图。由图可以看出，层间位移角到达 0.03rad 时，梁翼缘削弱位置已经发生明显屈曲；待加载至 0.04rad 时，对应于翼缘削弱位置的梁腹板也开始屈曲凸起；随着层间位移角的增加，屈曲现象逐渐明显，待层间位移角到达 0.05rad 时，位于梁翼缘削弱处的塑性铰完全形成。可见，由有限元分析结果亦可知，加强和削弱相结合的改进方式能够使塑性铰外移，保护梁端焊缝，与试验结论相同。

在试验中，试件 SP1-1 在往复荷载作用下的主要破坏形态为：梁上下翼缘削弱最深处屈曲现象严重，腹板也发生一定程度的屈曲，试件有明显的塑性铰出现。

由图 3-9 所示的试验和有限元分析结果对比可以看出，有限元分析试件的受力破坏形

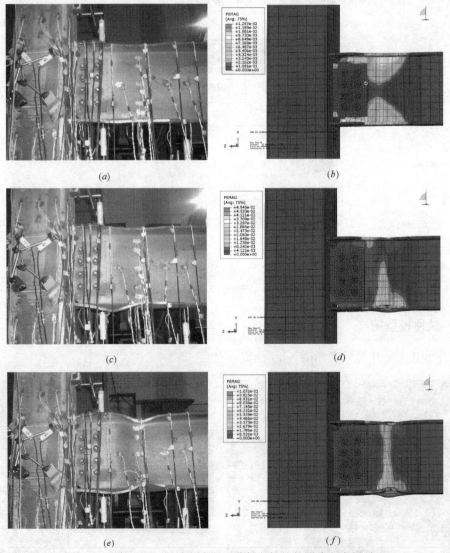

图 3-9　试件 SP1-1 试验与有限元分析塑性铰的形成和发展对比
(*a*) 试验 0.03rad；(*b*) 有限元分析 0.03rad；(*c*) 试验 0.04rad；(*d*) 有限元分析 0.04rad；
(*e*) 试验 0.05rad；(*f*) 有限元分析 0.05rad

态与试验结果完全一致，均在偏离梁上下翼缘削弱最深处出现明显塑性铰。

3.2.3 应力分布规律

试件 SP1-1 应力路径共有三个：PATH1、PATH2 和 PATH3，如图 3-10 所示。

（1）应力路径 1

PATH1 位于梁上翼缘距离柱面 10mm 处的位置。由 3-11 可以看出，当层间位移角较小时（0.01rad～0.015rad），沿 PATH1 应力分布较均匀，且应力值较小；层间位移角到达 0.02rad～0.03rad 时，PATH1 应力值明显增加，且在距离梁翼缘两端各 40mm 的位置均出现应力突增，此处恰为加宽板的焊缝位置；随着层间位移角的增加，PATH1 应力继续增大，待层间位移角达到 0.04rad～0.06rad 时，PATH1 各处应力均已超过屈服应力值，且焊缝处应力突变趋势减缓，应力分布较为均匀。由此可知，加宽板焊缝应力会造成一定程度的应力集中，会对梁端加宽处的受力造成不利影响。

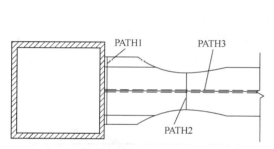

图 3-10 试件 SP1-1 应力路径示意

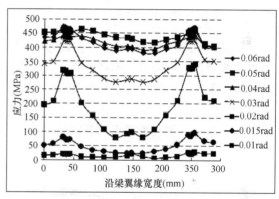

图 3-11 PATH1 应力分布

（2）应力路径 2

PATH2 位于梁上翼缘表面削弱最深处。由图 3-12 可知，当层间位移角较小时（0.01rad～0.015rad），沿 PATH2 应力分布较均匀，且应力值较小；层间位移角到达 0.02rad 时，翼缘削弱处两侧应力增长快于中间部位；层间位移角到达 0.03rad 时，削弱部位应力突增到屈服应力之上；随着层间位移角的增加，应力继续增长，削弱处各处应力分布趋于平均，但由于此时塑性铰已经在梁削弱部位完全形成，削弱处变形较大，因此应力也不再呈对称趋势。

（3）应力路径 3

梁翼缘中间沿梁长度方向，从梁柱对接焊缝的末端到距柱翼缘表面 900mm。由图 3-13 可以看出，层间位移角位于 0.02rad 时，柱面处应力最大，

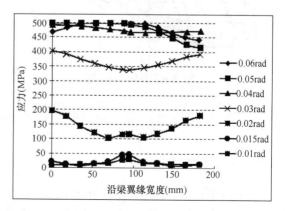

图 3-12 PATH2 应力分布

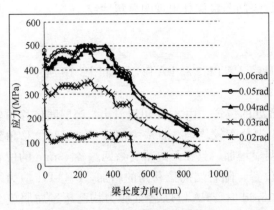

图 3-13　PATH3 应力分布

随着距柱面距离的增加，应力逐渐减小；当层间位移角达到 0.03rad 时，距离柱面 200mm～400mm 范围内的应力增长快于柱面处应力；待层间位移角到达 0.04rad～0.06rad 时，距离柱面 200mm～400mm 范围内的应力已经超过柱面处应力，柱面应力不再有大幅度的增长，且距柱面 400mm 范围内应力均超过屈服应力值。距离柱面 200mm～400mm 范围为梁削弱范围，说明此时塑性铰以完全形成，应力最大处并未发生在梁端焊缝，而是在距离梁端一定位置的部位，能够保护梁端焊缝。

3.2.4　滞回性能对比分析

图 3-14 为试件 SP1-1 试验与有限元分析滞回曲线对比，图 3-15 为试验与有限元分析骨架曲线对比图。可以看出，有限元分析滞回曲线与试验结果较为吻合。根据滞回曲线分析可知，节点均在层间位移角达到 0.015rad 时开始屈服，且由于选择了比较合适的材料模型和计算单元，有限元分析较好地模拟了试件的强度退化，滞回曲线有明显的下降段，使有限元分析更加接近节点的真实受力状态。

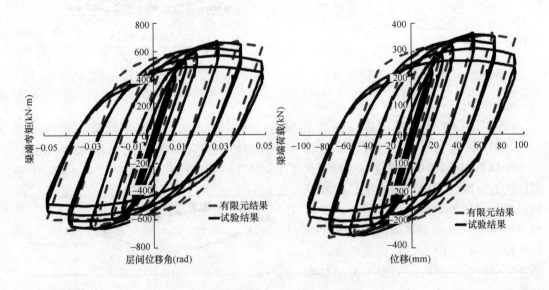

图 3-14　试件 SP1-1 试验与有限元分析滞回曲线对比

3.2.5　主要参数对比分析

试件 SP1-1 节点的有限元分析结果与试验结果对比见表 3-1。由表可知，有限元分析结果与试验结果比较相近，其中极限荷载、延性系数以及 $0.8M_p$ 对应总转角的有限元分

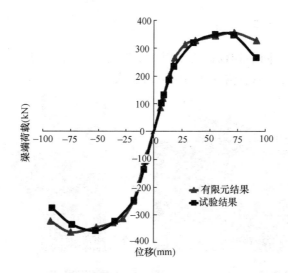

图 3-15　试件 SP1-1 试验与有限元分析骨架曲线对比

析结果略高，等效阻尼系数的有限元分析结果略低，但最大误差不超过 4％，表明有限元分析结果与试验结果较为吻合。

试件 **SP1-1** 有限元计算结果与试验结果对比　　　　　　表 **3-1**

试件	极限荷载 P_u（kN）		延性系数 μ		等效阻尼系数 h_e		$0.8M_p$ 对应总转角	
	有限元	试验	有限元	试验	有限元	试验	有限元	试验
SP1-1	357	359	4.36	4.20	0.448	0.459	0.046	0.045

3.3　SP1-2 梁端加宽（非焊接）—翼缘削弱型节点

3.3.1　试件模型图

图 3-16 为试件 SP1-2 照片与 ABAQUS 模型对照。

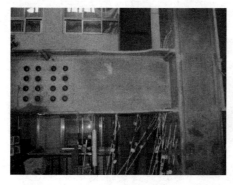
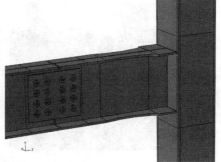

图 3-16　试件 SP1-2 照片与模型

3.3.2　塑性铰形成及发展

图 3-17 为构件在不同层间位移角作用下的应变云纹图。由图可以看到，层间位移角到达 0.03rad 时，梁翼缘削弱位置开始屈服；加载至 0.04rad 时，梁腹板的屈曲部位面积

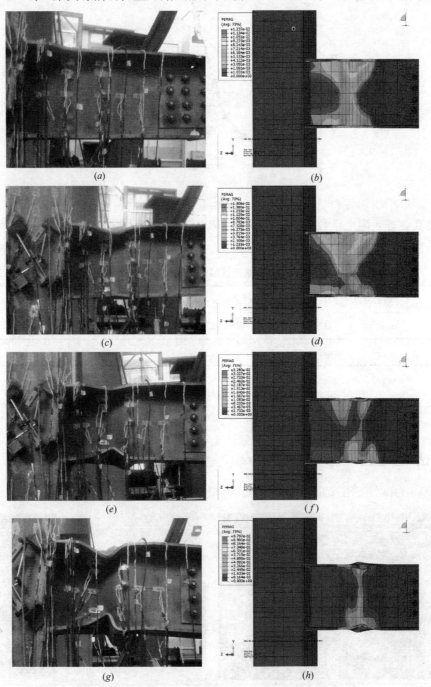

图 3-17　试件 SP1-2 试验与有限元分析塑性铰的形成和发展对比

(*a*) 试验 0.03rad；(*b*) 有限元分析 0.03rad；(*c*) 试验 0.04rad；(*d*) 有限元分析 0.04rad；(*e*) 试验 0.05rad；
(*f*) 有限元分析 0.05rad；(*g*) 试验 0.06rad；(*h*) 有限元分析 0.06rad

增大，且屈曲部位开始由翼缘慢慢向腹板扩展；随着层间位移角的增加，翼缘削弱处完全屈服退出工作，屈服面积渐渐向腹板转移，待层间位移角到达 0.06rad 时，位于梁翼缘削弱处的塑性铰完全形成，腹板处距离翼缘较近处屈服现象明显，而腹板中部略有屈服，并不明显。因此，由有限元分析结果亦可知，加强和削弱相结合的改进方式能够使塑性铰外移，保护梁端焊缝，与试验结论相同。

3.3.3　应力分布规律

试件 SP1-2 应力路径共有三个：PATH1、PATH2 和 PATH3，如图 3-18 所示。

（1）应力路径 1

PATH1 位于梁上翼缘距离柱面 10mm 处的位置。由图 3-19 可以看出，当层间位移角较小时（0.01rad～0.015rad），沿 PATH1 应力分布较均匀，且应力值较小；随着层间位移角的增加，PATH1 应力继续增大，待层间位移角达到 0.05rad～0.06rad 时，PATH1 各处应力均已超过屈服应力值，中间应力略高但梁端应力略低，但总体来讲应力分布均匀。由此可知，试件 SP1-2 与试件 SP1-1 相比，可以避免加宽板处焊缝产生的应力集中，使梁端加宽处应力分布均匀，对节点受力性能有利。

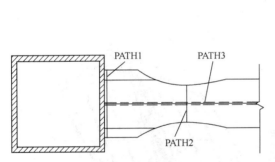

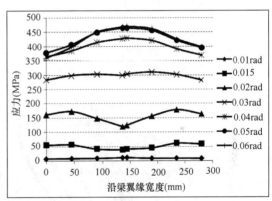

图 3-18　试件 SP1-2 应力路径示意　　　　　图 3-19　PATH1 应力分布

（2）应力路径 2

PATH2 位于梁上翼缘表面削弱最深处。由图 3-20 可知，在整个加载过程当中，PATH2 上各处应力分布十分均匀，层间位移角较小时应力值较小；层间位移角到达 0.03rad 时，PATH2 上各处应力突增到屈服应力之上，塑性铰开始形成，与图 3-17 分析结果相符；随着层间位移角的增加，应力继续增长，且 PATH2 上各处应力分布一直较为均匀，并呈对称型。

（3）应力路径 3

梁翼缘中间沿梁长度方向，从梁柱对接焊缝的末端到距柱翼缘表面 600mm。由图 3-21 可以看出，层间位移角位于 0.02rad 以下时，柱面处应力最大，随着距柱面距离的增加，应力逐渐减小；待层间位移角到达 0.04rad～0.06rad 时，距离柱面 200mm～400mm 范围内的应力已经超过柱面处应力，柱面应力不再有大幅度的增长，且距柱面 400mm 范围内应力均超过屈服应力值。距离柱面 200mm～400mm 范围为梁削弱范围，说明此时塑性铰以完全形成，应力最大处并未发生在梁端焊缝，而是在距离梁端一定位置的部位，能够保护梁端焊缝。

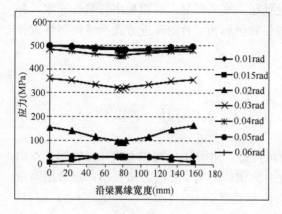

图 3-20　PATH2 应力分布

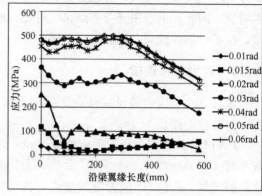

图 3-21　PATH3 应力分布

3.3.4　滞回曲线对比分析

图 3-22 为试件 SP1-2 试验与有限元分析滞回曲线对比，图 3-23 为试验与有限元分析骨架曲线对比。可以看出，有限元分析滞回曲线与试验结果相近。

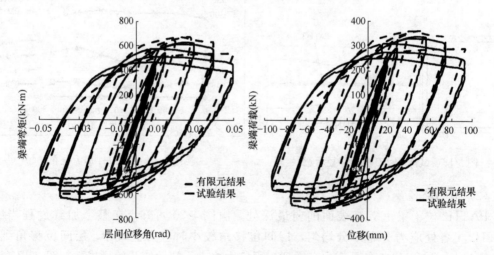

图 3-22　试件 SP1-2 试验与有限元分析滞回曲线对比

试验中滞回曲线在正向加载时强度下降明显快于负向加载，根据试验现象可知，正向加载到后期时，由于塑性铰的形成，梁下翼缘局部屈曲变形较大，到层间位移角达到 0.06rad 时，梁下翼缘与梁腹板连接处焊缝开裂，翼缘与腹板撕开，而上翼缘屈曲程度不及下翼缘严重，因此导致正向加载承载力下降快于负向加载，而有限元分析中无法模拟梁下翼缘与腹板的撕开现象，梁上下翼缘屈曲程度接近，因此有限元滞回曲线正负加载承载力退化比较对称，正向加载退化程度较试验缓慢。

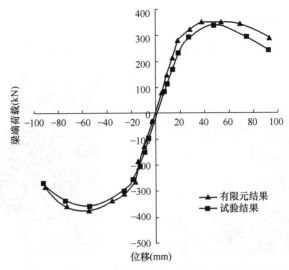

图 3-23 试件 SP1-2 试验与有限元分析骨架曲线对比

3.3.5 主要参数对比分析

试件 SP1-2 的有限元分析结果与试验结果对比见表 3-2。由表可知，与试件 SP1-1 节点的情况相同，有限元分析结果与试验结果比较相近，其中极限荷载及延性系数的有限元分析结果略高，屈服荷载和等效阻尼系数的有限元分析结果略低，但最大误差不超过 4%，说明有限元分析结果与试验结果较为吻合。

试件 SP1-2 有限元计算结果与试验结果对比　　　　　表 3-2

试件	极限荷载 P_u（kN）		延性系数 μ		等效阻尼系数 h_e		$0.8M_p$ 对应总转角	
	有限元	试验	有限元	试验	有限元	试验	有限元	试验
SP1-2	362	357	4.34	4.13	0.480	0.497	0.042	0.044

3.4 SP1-3 梁端加厚-翼缘削弱型节点

3.4.1 试件模型图

图 3-24 为试件 SP1-3 照片与 ABAQUS 模型对照。

图 3-24 试件 SP1-3 照片与模型

3.4.2   塑性铰形成及发展

图 3-25 为构件在不同层间位移角时的应变云纹图。由图可以看出，层间位移角到达

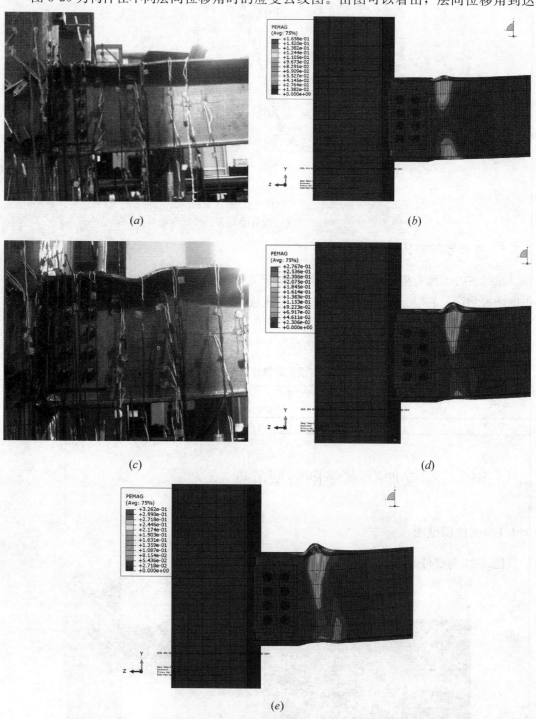

(a)   (b)

(c)   (d)

(e)

图 3-25   试件 SP1-3 试验与有限元分析塑性铰的形成和发展对比

(a) 试验 0.03rad；(b) 有限元分析 0.03rad；(c) 试验 0.04rad；(d) 有限元分析 0.04rad；(e) 有限元分析 0.05rad

0.03rad 时，梁翼缘削弱位置开始有可见屈曲变形，相对应的梁腹板位置部分进入塑性；继续加载至 0.04rad 的层间位移角，梁翼缘的屈曲变形明显，且屈曲部位开始由翼缘向腹板扩展，梁削弱处对应的腹板几乎全部进入塑性；随着层间位移角的增加，翼缘削弱处完全屈服退出工作，待层间位移角到达 0.05rad 时，位于梁翼缘削弱处的塑性铰完全形成，对应于削弱处的梁翼缘及腹板均已屈服。整个加载过程中，梁端焊缝均未屈服。可见，由有限元分析结果可知，试件 SP1-3 节点也能够达到塑性铰外移的目的，有效保护梁端焊缝。

3.4.3 应力分布规律

试件 SP1-3 应力路径共有五个：PATH1、PATH2、PATH3、PATH4 和 PATH5，如图 3-26 所示。

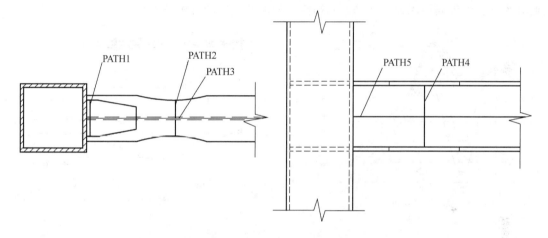

图 3-26 试件 SP1-3 应力路径示意图

（1）应力路径 1

PATH1 位于梁上翼缘距离柱面 10mm 处的位置。由图 3-27（a）可以看出，当层间位移角为 0.015rad 时，位于 PATH1 中部位置的应力较小，两侧应力较大；层间位移角

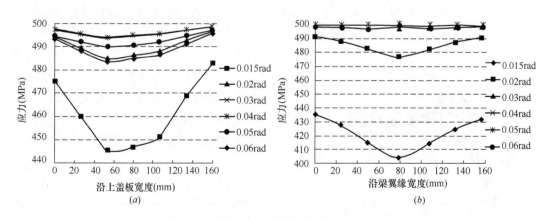

图 3-27 试件 SP1-3 沿梁翼缘横向应力分布

（a）PATH1 应力分布；（b）PATH2 应力分布

到达 0.02rad 后，PATH1 应力值明显增加，之后应力增幅不再明显，且位于 PATH1 上各位置的应力逐渐趋于均匀。由此可知，由于试件构造规则且对称，当节点屈服之后，盖板上距离梁端较近位置处的横向应变分布较为均匀。

（2）应力路径 2

PATH2 位于梁上翼缘表面削弱最深处。由图 3-27（b）可知，在整个加载过程当中，PATH2 上各处应力分布十分对称，层间位移角为 0.015rad 时，应力值较小；层间位移角到达 0.02rad 时，PATH2 上各处应力突增到屈服应力之上，塑性铰开始形成；随着层间位移角的增加，应力继续增长，但增幅并不明显。

（3）应力路径 3

梁翼缘中间沿梁长度方向，从梁柱对接焊缝的末端到距柱翼缘表面 800mm。由图 3-28（a）可以看出，在整个加载过程中，应力最大值一直发生在位于距离梁端 400mm 处，此处为梁翼缘削弱最深处。此结果与塑性铰形成及发展的分析结果相吻合。

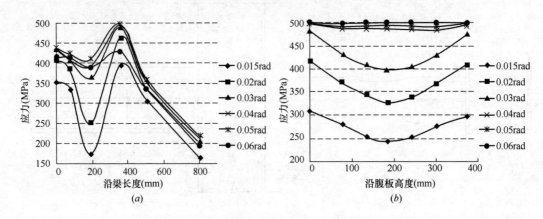

图 3-28　试件 SP1-3 应力分布
(a) PATH3 应力分布；(b) PATH4 应力分布

（4）应力路径 4

梁翼缘削弱最深处对应的腹板位置。由图 3-28（b）可以看出，层间位移角位于 0.015rad～0.03rad 之间时，沿 PATH4 应力分布成 "V" 形分布，位于腹板对称轴位置的应力值较小，位于腹板上下两侧且距离上下翼缘较近位置的应力值较大，且随着层间位移角的增加，应力值增幅明显；层间位移角到达 0.04rad 之后，腹板横向上应力分布趋于均匀，且增幅不再明显。由此说明此时梁上下翼缘由于屈曲已退出工作，而塑性范围也已扩展到梁的腹板，塑性铰已完全形成。

（5）应力路径 5

梁腹板中间沿腹板长度方向，从柱面处梁腹板至距离柱面 1200mm。由图 3-29 可以看出，层间位移角位于 0.02rad 以下时，PATH5 上 400mm 处应力较大，之后位置

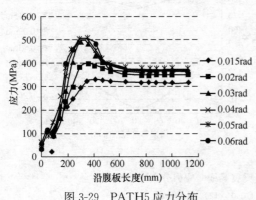

图 3-29　PATH5 应力分布

处应力与其趋于平行，整个路径上应力不高于 400MPa，而层间位移角到达 0.03rad 之后，距离梁端 400mm 处的位置应力增幅明显，之后位置的应力有所降低。可以说明，加载至 0.03rad 开始，对应于梁翼缘削弱位置的梁腹板也开始渐渐进入塑性，待梁翼缘由于屈曲而退出工作后，腹板屈曲而完全形成塑性铰。

3.4.4 滞回性能对比分析

由于试验中加载只进行到 0.04rad，因此将有限元分析中加载到 0.04rad 之前的结果与试验结果进行对比，如图 3-30 所示。根据对比可知，加载前期有限元分析得到的节点承载力与滞回曲线总体形态与试验结果相近。其中试验得到节点承载力为 364kN，有限元分析得到节点承载力为 401kN，误差仅为 9.2%。但由于箱柱内隔板与梁上翼缘并未对齐，导致试验加载到 0.04rad 时梁上翼缘焊缝突然开裂，致使试验滞回曲线出现不连贯现象；而有限元分析中梁上翼缘焊缝未开裂，因此滞回曲线仍然饱满连贯。

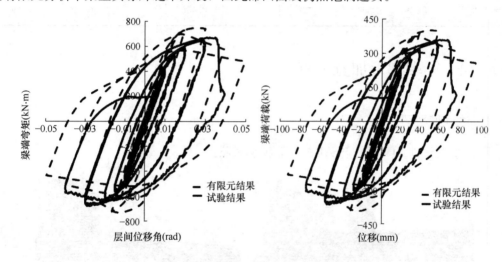

图 3-30　试件 SP1-3 试验与有限元分析滞回曲线对比

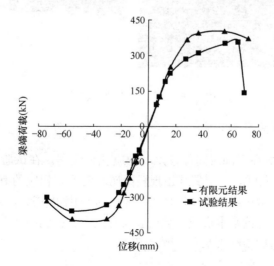

图 3-31　试件 SP1-3 试验与有限元分析骨架曲线对比

由试件的骨架曲线可以明显看出，试件在层间位移角加载到 0.04rad 时达到其峰值承载力，在接下来的加载过程中，节点的承载力开始下降，待层间位移角到达 0.06rad 时，梁端荷载下降到峰值的 85％以下，试件完全破坏。

3.4.5　主要参数分析

试件 SP1-3 的延性系数、等效阻尼系数均来自于有限元分析结果。从有限元分析数据来看，试件 SP1-3 有着良好的延性和塑性转动耗能能力。

试件 SP1-3 有限元计算结果与试验结果对比　　　　　　　　　表 3-3

试件	极限荷载 P_u（kN）		延性系数 μ		等效阻尼系数 h_e		$0.8M_p$ 对应总转角	
	有限元	试验	有限元	试验	有限元	试验	有限元	试验
SP1-3	401	364	4.29	—	0.455	—	0.040	0.040

3.5　SP2 梁端梯形加宽节点

3.5.1　试件模型图

图 3-32 为试件 SP2 照片与 ABAQUS 模型对照。

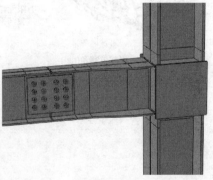

图 3-32　试件 SP2 照片与模型

3.5.2　塑性铰形成及发展

图 3-33 为试件 SP2 在不同层间位移角时的应变云纹图。在试验中，试件 SP2 在加载至 0.03rad 的层间位移角时，梁上翼缘出现轻微屈曲变形，相应的有限元分析模型有着同样的状态；继续加载，梁翼缘屈曲变形增大，塑性区范围也在逐步增大，直到 0.05rad 的层间位移角，全截面塑性铰基本形成。从试验与有限元分析的破坏形态对比来看，有限元分析的受力破坏形态与试验结果基本一致。

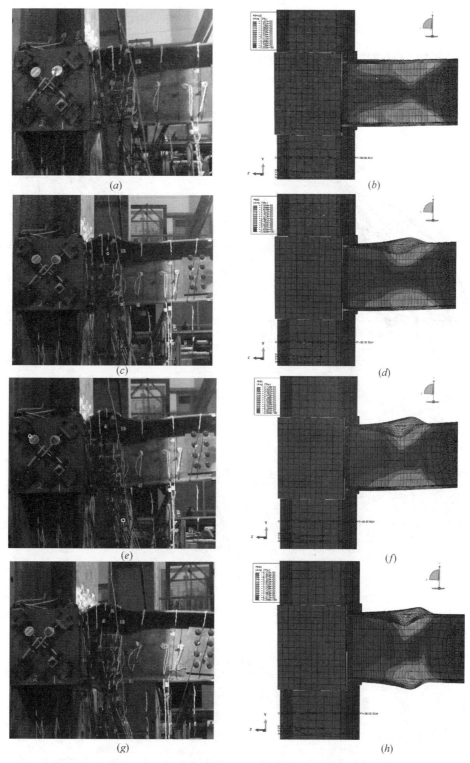

图 3-33　试件 SP2 试验与有限元分析塑性铰的形成和发展对比
(a) 试验 0.03rad；(b) 有限元分析 0.03rad；(c) 试验 0.04rad；(d) 有限元分析 0.04rad；
(e) 试验 0.05rad；(f) 有限元分析 0.05rad；(g) 试验 0.06rad；(h) 有限元分析 0.06rad

3.5.3　滞回性能对比分析

图 3-34 为试验与有限元分析滞回曲线对比，可以看出，有限元分析得到的试件滞回曲线与试验结果基本重合，只是由于钢柱与支撑的连接处有滑移，导致试验所得到的滞回曲线出现轻微捏拢的现象。有限元分析中边界条件的定义比较理想，不会出现试验中钢柱与支撑连接的滑移，因此有限元分析的滞回曲线比较饱满，滞回环面积较试验略大。

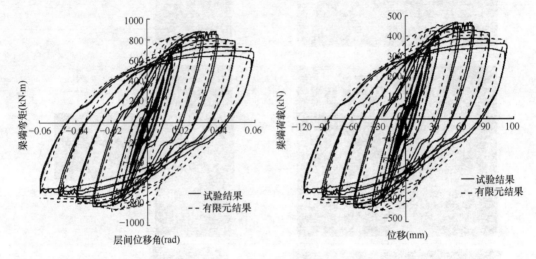

图 3-34　试件 SP2 试验与有限元分析滞回曲线对比

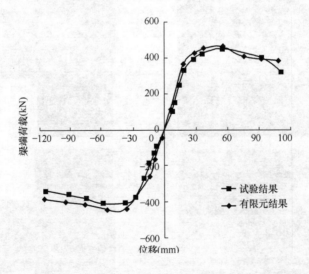

图 3-35　试件 SP2 试验与有限元分析骨架曲线对比

3.5.4　主要参数对比分析

试件 SP2 的有限元分析结果与试验结果参见表 3-4。由表中数据可以看出，有限元分析结果与试验结果较为接近。由于试验时的滑移问题导致的有限元分析的滞回曲线比较饱满，反映在耗能上为等效阻尼系数稍大。

表 3-4 试件SP2有限元计算结果与试验结果对比

试件	极限荷载 P_u (kN)		延性系数 μ		等效阻尼系数 h_e		$0.8M_p$ 对应总转角	
	有限元	试验	有限元	试验	有限元	试验	有限元	试验
SP1-3	462.1	467.9	5.22	5.41	0.418	0.402	0.045	0.042

3.6 SP3-1 梁端加厚-翼缘单盖板削弱型节点

3.6.1 试件模型图

图 3-36 为试件 SP3-1 照片与 ABAQUS 模型对照。

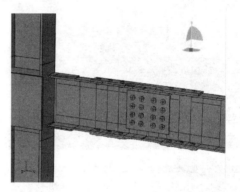

图 3-36 试件 SP3-1 照片与模型

3.6.2 塑性铰形成及发展

图 3-37 为试件 SP3-1 在不同层间位移角时的应变云纹图。在试验中，试件 SP3-1 在层间位移角到达 0.03rad 时，翼缘拼接板开始出现屈曲凸起现象，且较为明显；继续加载至 0.04rad 层间位移角，拼接板屈曲凸起愈加严重，有限元分析结果显示梁翼开始进入塑性；待层间位移角到达 0.05rad 时，由于翼缘拼接板严重屈曲，开始退出工作，此时梁端加厚板末端与翼缘拼接板之间部位出现屈曲现象。在有限元分析中，节点的变形形态与试验完全相同，同样是翼缘拼接板首先屈曲，待其退出工作后，梁端加厚板开始发挥作用，在偏离梁端一定的位置上出现塑性铰。与试验现象不同的是，有限元分析的翼缘拼接板开始屈曲的时间和偏离梁端塑性铰出现的时间均比试验中出现的时间晚。其典型破坏特征为上下翼缘拼接板严重屈曲，有限元分析得到的试件破坏形态与试验结果得到的破坏形态基本相同，验证了有限元分析的可靠性。

3.6.3 梁翼缘应力分布规律

应力路径为梁柱对接焊缝的末端到距柱翼缘表面 1300mm。由图 3-38 可以看出，层间位移角到达 0.04rad 之前，应力最大位置发生在梁柱对接焊缝及距离梁端 200mm～400mm 的位置，此处为梁端盖板加强末端以及拼接处单盖板起始端之间；待层间位移角达到 0.04rad 之后，距离梁端 600mm～1200mm 位置的应力增长趋势明显高于其他位置，随着

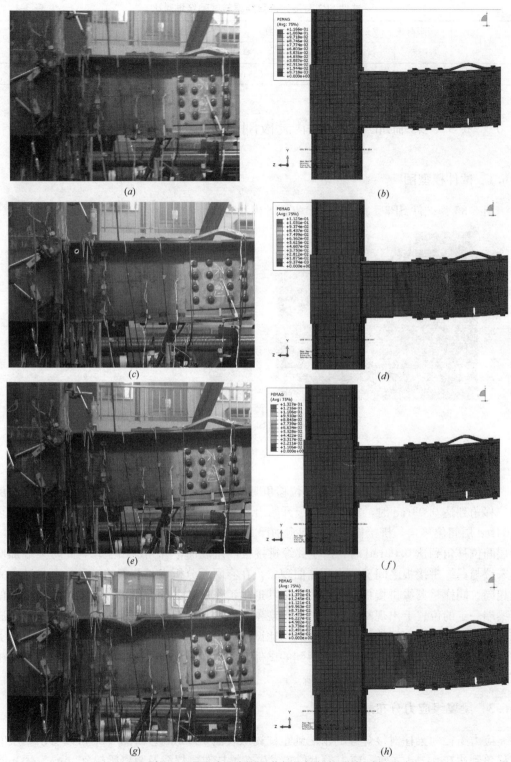

图 3-37 试件 SP3-1 试验和有限元分析塑性铰的形成和发展对比

(*a*) 试验 0.03rad；(*b*) 有限元分析 0.03rad；(*c*) 试验 0.04rad；(*d*) 有限元分析 0.04rad；(*e*) 试验 0.05rad；

(*f*) 有限元分析 0.05rad；(*g*) 试验 0.06rad；(*h*) 有限元分析 0.06rad

层间位移角的增加，此位置中部的应力增长加快，成为应力最大处，此处为翼缘拼接板削弱最深处。用此说明在整个加载过程中，削弱的翼缘拼接板成功地吸收了大量的地震能量，对耗能起到了不可忽视的作用。

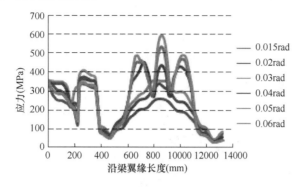

图 3-38　试件 SP3-1 沿梁翼缘长度应力分布图

3.6.4　滞回性能对比分析

图 3-39 为有限元分析得到的滞回曲线与试验得到的滞回曲线的对比，图 3-40 为有限元分析得到的骨架曲线与试验得到的骨架曲线的对比。可以看到，在加载后期，由于翼缘拼接板退出工作，拼接两侧梁的腹板发生较大错动，这种滑移在试验滞回曲线中有非常明显的体现，而有限元分析也在一定程度上模拟出了这种滑移，有限元模拟与试验基本吻合。

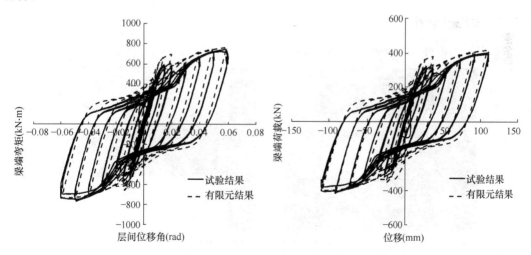

图 3-39　试件 SP3-1 试验与有限元分析滞回曲线对比

3.6.5　主要参数对比分析

试件 SP3-1 节点的有限元分析结果与试验结果参见表 3-5。由表中数据可以看出，极限荷载与延性较为接近，相差不超过 5%。试件延性性能良好，但耗能能力不及之前几类节点。

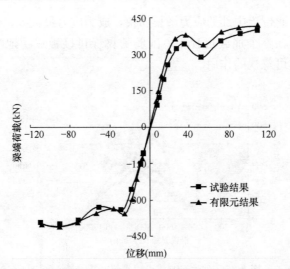

图 3-40 试件 SP3-1 试验与有限元分析骨架曲线对比

试件 SP3-1 有限元计算结果与试验结果对比 表 3-5

试件	极限荷载 P_u（kN）		延性系数 μ		等效阻尼系数 h_e	
	有限元	试验	有限元	试验	有限元	试验
SP1-3	415.6	404.7	5.82	6.0	0.295	0.265

3.7 SP3-2 梁端加厚-翼缘单盖板削弱型节点

3.7.1 试件模型图

图 3-41 为试件 SP3-2 照片与 ABAQUS 模型对照。

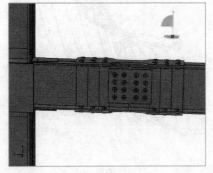

图 3-41 试件 SP3-2 照片与模型

3.7.2 塑性铰形成及发展

与试件 SP3-1 情况相近，试件 SP3-2 节点有限元分析的变形形态与试验完全相同，同样是翼缘拼接板首先屈曲，待其退出工作后，梁端盖板开始发挥作用，在偏离梁端一定的位置上出现塑性铰。与试验现象不同的是，有限元分析的翼缘拼接板开始屈曲的时间和偏离梁端塑性铰出现的时间均比试验晚一级荷载发生。

在试验中，试件 SP3-2 的典型破坏特征为上下翼缘拼接板严重屈曲，由图 3-42 对比

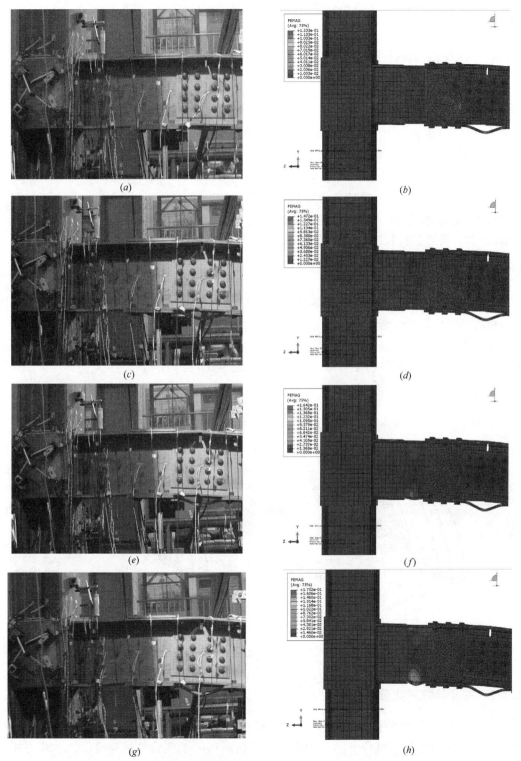

图 3-42 试件 SP3-2 试验和有限元分析塑性铰的形成和发展对比

(*a*) 试验 0.03rad；(*b*) 有限元分析 0.03rad；(*c*) 试验 0.04rad；(*d*) 有限元分析 0.04rad；(*e*) 试验 0.05rad；
(*f*) 有限元分析 0.05rad；(*g*) 试验 0.06rad；(*h*) 有限元分析 0.06rad

可知，有限元分析得到的节点破坏形态与试验结果得到的破坏形态基本相同，验证了有限元分析的可靠性。

3.7.3　梁翼缘应力分布规律

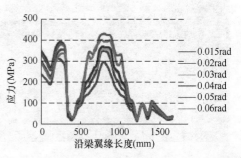

图 3-43　试件 SP3-2 沿梁翼缘长度应力分布图

应力路径为从梁柱对接焊缝的末端到距柱翼缘表面 1600mm。由图 3-43 可以看出，在整个加载过程中，最大应力处于距离梁端约 800mm 的位置上，此处为翼缘拼接板削弱最深处；其次应力较大处发生在距离梁端 200mm～400mm 位置上，此处处于梁端盖板加强末端以及拼接板起始端之间。待层间位移角到达 0.04rad 时，翼缘拼接板削弱位置首先屈服，随后梁端盖板末端也到达屈服值。

3.7.4　滞回性能对比分析

图 3-44 为有限元分析得到的滞回曲线与试验得到的滞回曲线的对比，图 3-45 为有限元分析得到的骨架曲线与试验得到的骨架曲线的对比。可以看到，与 SP3-1 情况相同，有限元分析在一定程度上模拟出了拼接处的滑移，但在试验滞回曲线中，节点承载力一直呈上升趋势，而在有限元分析中，滞回曲线在加载后期出现了下降段。

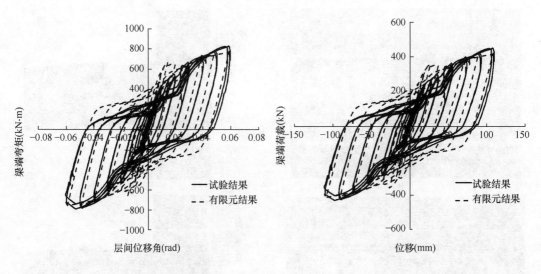

图 3-44　试件 SP3-2 试验与有限元分析滞回曲线对比

3.7.5　主要参数对比分析

试件 SP3-2 节点的有限元分析结果与试验结果参见表 3-6。由表中数据可以看出，与试件 SP3-1 情况相似，试件 SP3-2 的有限元分析所得的承载力与试验所得的承载力相差 8.5%，有限元分析的节点极限承载力和节点屈服荷载都明显小于试验结果，而延性系数和等效黏滞阻尼系数较试验结果略大。

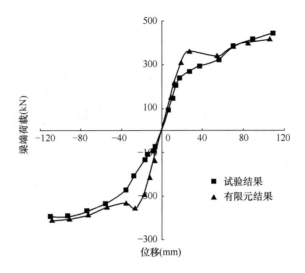

图 3-45 试件 SP3-2 试验与有限元分析骨架曲线对比

试件 SP3-2 有限元计算结果与试验结果对比　　　　　　　　表 3-6

试件	极限荷载 P_u（kN）		延性系数 μ		等效黏滞阻尼系数 h_e	
	有限元	试验	有限元	试验	有限元	试验
SP1-3	416.4	451	5.71	6.0	0.29	0.219

3.8 本章小结

3.8.1 梁端加强式与削弱式并用节点的优势分析小结

削弱型节点虽然具有塑性区长，转动能力好，容易满足国际上公认的转角不小于 0.03 弧度的要求，且施工简便等优点，但同时也存在梁截面的强度不能得到充分发挥的缺点；而单纯采用梁端局部增强式连接，虽然梁截面能够得到充分发挥，但为了不违背强柱弱梁的基本原则，必须加大柱的截面。采用加强与削弱相结合的作法后，梁的削弱深度可以减小，同时又不需加大柱的截面，降低了设计和施工的成本，具有一定的经济性，推荐应用于工程实际。

3.8.2 梯形加宽扩翼型节点的优势分析小结

梁端梯形加宽型节点的塑性铰发生在梯形加宽末端，局部变形大，吸收了较多的能量，实现了塑性铰外移的目的，保护了梁端焊缝；试件具有良好的延性性能和塑性转动耗能能力，抗震的各项指标均能满足规范的要求，且不像削弱型节点加工要求高，关键截面削弱钢材，因此，推荐梁端梯形加宽节点应用于工程实际。

第4章 钢框架梁柱十字形抗震节点
试验研究及非线性有限元分析

前几章对各种类型的钢框架 T 形抗震节点进行了试验和有限元分析。为了得到更为全面的节点性能规律，结合工程应用设计了两组钢框架梁柱十字形抗震节点，进行低周往复加载试验，对其试验结果进行分析，为工程应用提供参考。

4.1 试验构件设计

十字形抗震节点分为两组，第一组试件是为了对比加强与削弱并用型节点与单纯削弱型及单纯加强型节点性能的不同，第二组试件为结合工程应用需要验证其他几类型抗震节点，具体如下：

1. 加强式与削弱式并用的连接节点（SPC1）

（1）梁端加宽-翼缘削弱型节点（SPC1-1）

（2）单纯削弱型节点（SPC1-2）

（3）梁端加宽型节点（SPC1-3）

2. 加强式节点（SPC2）

（1）梁端加厚-翼缘削弱型节点（SPC2-1）

（2）梁端加厚-短梁螺栓全拼接型节点（SPC2-2）

（3）梁端上下加腋型节点（SPC2-3）

4.2 节点细部构造

试件节点细部构造见表 4-1～表 4-6。

SPC1-1：梁端加宽-翼缘削弱型节点   表 4-1

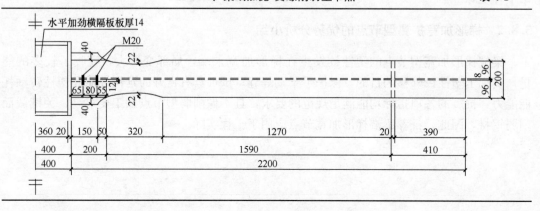

续表

柱	箱形截面：300×300×20；柱子高度：3000mm；内隔板：厚14mm
梁	梁截面：HN400×200×8×13
节点构造	柱端面处加宽40mm 端面外360mm处削弱22mm 梁翼缘工地全熔透焊与柱连接，腹板与剪力板高强螺栓连接

SPC1-2：单纯削弱型节点　　　　　　　　　　　　　　　　　　　表4-2

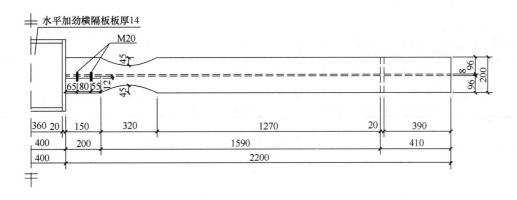

柱	箱形截面：300×300×20；柱子高度：3000mm；内隔板：厚14mm
梁	梁截面：HN400×200×8×13
节点构造	端面外360mm处削弱45mm 梁翼缘工地全熔透焊与柱连接，腹板与剪力板高强螺栓连接

SPC1-3：梁端加宽型节点　　　　　　　　　　　　　　　　　　　表4-3

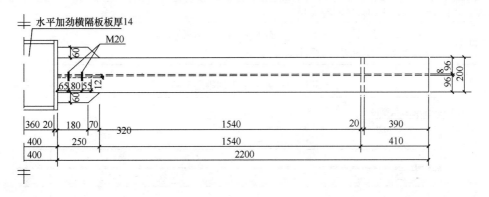

柱	柱截面：HN400×400×13×21；柱子高度：3000mm；内隔板：厚14mm
梁	梁截面：HN400×200×8×13
节点构造	柱端面楔形加宽宽度60mm 梁翼缘工地全熔透焊与柱连接，腹板与剪力板高强螺栓连接

SPC2-1：梁端加厚-翼缘削弱型节点 表 4-4

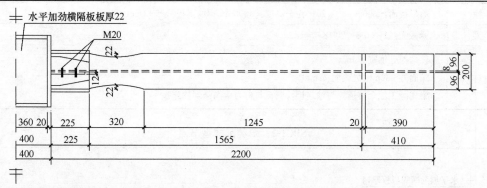

柱	箱形截面：300×300×16；柱子高度：3000mm；内隔板：厚 22mm
梁	梁截面：HN400×200×13×8
节点构造	柱端面加贴盖板：盖板厚 8mm，上盖板为楔形，下盖板为矩形 端面外 385mm 处削弱 22mm 柱端面处翼缘工地全熔透焊缝，腹板与剪力板高强螺栓连接

SPC2-2：梁端加厚—短梁螺栓全拼接型节点 表 4-5

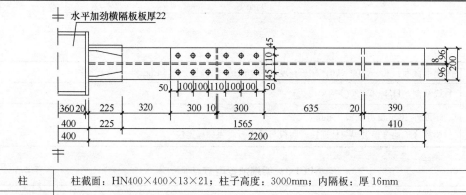

柱	柱截面：HN400×400×13×21；柱子高度：3000mm；内隔板：厚 16mm
梁	梁截面：HN400×200×8×13
节点构造	柱端面加贴盖板：盖板厚 8mm，上盖板为楔形，下盖板为矩形 短梁与长梁用高强螺栓等强拼接。

SPC2-3：梁端上下加腋型节点 表 4-6

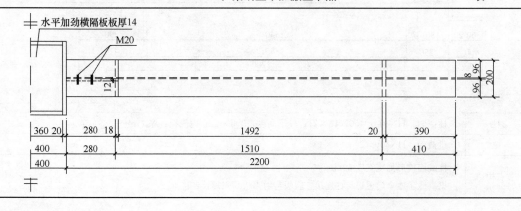

续表

柱	柱截面：HN400×400×13×21；柱子高度：3000mm；内隔板：厚 16mm
梁	梁截面：HN400×200×8×13
节点构造	梁端上下翼缘焊有腋板

4.3　试验装置设计

钢框架梁柱试件为中柱连接梁的十字形结构，边界条件模拟抗弯框架在地震力作用下的受力情况，梁长为计算反弯点位置，柱高为相邻两楼层柱高的一半，即理论反弯点位置。试件柱顶、底为单向铰支座。柱顶采用 600t 伺服作动器施加轴向压力，轴压比取值为 0.2。十字形抗震节点试验装置如图 4-1 所示。在梁悬臂自由端由两个 100t 伺服作动器进行循环加载。在加载点设置了侧向支撑以防止梁发生平面外失稳。

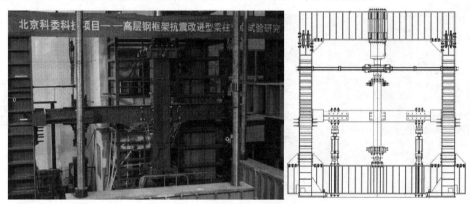

图 4-1　十字形抗震节点试验装置

4.4　SPC1-1 梁端加宽-翼缘削弱型节点

4.4.1　试验过程及有限元分析对比

层间位移角在加载到 0.015rad 之前，节点还处于弹性受力阶段，试验节点承载力达到 252.5kN；当层间位移角达到 0.02rad 时，由试件上的应变片监测数据可知，试验节点上、下翼缘削弱处钢材开始屈服［如图 4-2（a）、（b）所示］；继续加载至 0.03rad 层间位移角时，在试验节点在右梁下翼缘削弱处出现可见微小变形，此时有限元分析结果显示梁翼缘等效塑性应变达到了 18.67%，塑性区向腹板发展的趋势较为明显［如图 4-2（c）、（d）所示］；梁上、下翼缘较大的屈曲变形出现在 0.04rad 层间位移角时，伴随着腹板出现可见突起，第 1 个加载循环承载力达到了极限值 345.7kN，有限元分析结果显示塑性区已经进一步发展到腹板中部，与试验结果吻合较好［如图 4-2（e）、（f）所示］；加载至层间位移角增加到 0.05rad 时，试验节点翼缘严重屈曲，腹板屈曲明显，节点承载力下降到峰值的 85% 以下（282.3kN），有限元分析结果显示梁翼缘和腹板均明显屈曲变形，位于

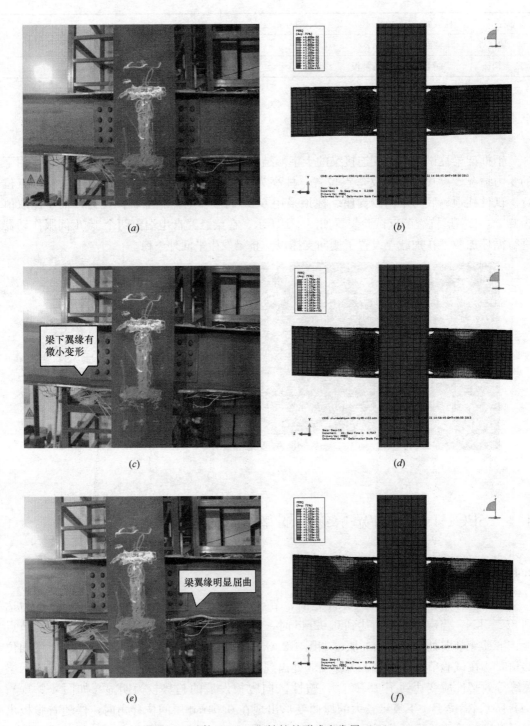

图 4-2 试件 SPC1-1 塑性铰的形成和发展（一）

(a) 试验 0.02rad；(b) 有限元分析 0.02rad；(c) 试验 0.03rad；

(d) 有限元分析 0.03rad；(e) 试验 0.04rad；(f) 有限元分析 0.04rad

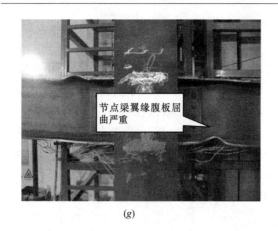
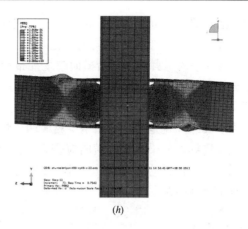

(g)　　　　　　　　　　　　　(h)

图 4-2　试件 SPC1-1 塑性铰的形成和发展（二）

(g) 0.05rad；(h) 0.05rad

梁削弱处的塑性铰完全形成［如图 4-2（g）、(h) 所示］。从非线性有限元的分析结果可以直观地看到梁翼缘削弱处的塑性形成和发展以及变形规律。试验和非线性有限元的分析结果表明，加强和削弱相结合的改进方式能够较好地使塑性铰外移，保护梁端焊缝。

4.4.2　应力、应变规律

1. 梁翼缘应变沿梁纵向的变化规律

为了反映梁翼缘应变沿梁纵向的变化规律，试验时在梁翼缘中部沿纵向布设了应变片，如图 4-3 所示。图 4-4 为加载过程

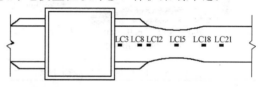

图 4-3　试件 SPC1-1 梁翼缘沿纵向应变片布置

中梁下翼缘纵向应变图，可以看出，从梁翼缘屈服开始，最大应变一直处于翼缘削弱最深处的 LC15 监测点，其次为加宽处的 LC12 监测点。随着加载的进行，其他监测点的应变均有不同程度的增大，翼缘削弱最深处和翼缘变截面处的应变都有较为明显的增加，距离削弱较远处的应变变化甚微。与之相应的是非线性有限元应力分析结果，如图 4-5 所示。选取的应力路径与应变片分布一致，从梁柱对接焊缝的末端到距柱表面 900mm。由图 4-5 可以看出，弹性受力阶段（0.01rad～0.015rad）的柱面处应力最大。从 0.02rad 层间位移角开始，随着距柱面距离的增加，应力趋势在 50mm～320mm 范围内均是增大而后逐渐减

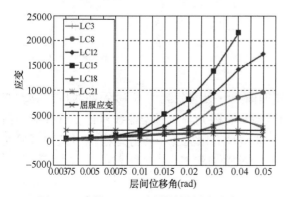

图 4-4　试件 SPC1-1 梁翼缘沿纵向应变图

小；在层间位移角达到 0.03rad 后，距柱面 200mm～520mm 范围内的应力变化快于柱面处应力，但始终没有超过柱面应力值，距柱面 520mm 范围内应力均超过屈服应力值。柱面应力不再有较大变化，且从 0.02rad 层间位移角开始基本稳定在 400MPa 左右，焊缝并未屈服。由此说明试件 SPC1-1 的翼缘加宽和削弱的构造措施能够使梁的最大应变位置出现在远离梁端的翼缘削弱位置，塑性铰形

成以后，梁端焊缝处应力不再有增长，进而有效地保证梁柱焊缝的安全。

2. 梁翼缘应变沿梁横向的变化规律

图 4-6 为梁翼缘应变沿横向应变片布置图，一排布置在靠近梁端焊缝，另一排布置在梁翼缘削弱最深处。图 4-7 和图 4-8 则反映出整个加载过程中梁翼缘应变沿梁横向的变化规律。梁翼缘横向应变并没有沿对称轴呈对称分布，应变的最大位置发生在 LA5 点。这是由于翼缘加宽是通过在型钢梁翼缘两侧焊接加宽板实现的，由于焊缝的缺陷及梁翼缘介质的不连续，使梁翼缘的横向应变在节点受力不对称。在层间位移角加载至 0.04rad 前，削弱处三个位置的应变变化基本一致，直至加载到 0.05rad，中间位置的应变急剧增大，这是由于此时削弱处腹板发生了较大屈曲，引起对应位置的翼缘应变突变。

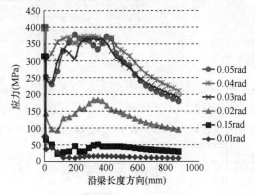

图 4-5   试件 SPC1-1 梁翼缘沿纵向应力图

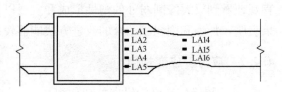

图 4-6   试件 SPC1-1 梁翼缘沿横向应变片布置

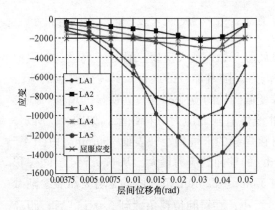

图 4-7   试件 SPC1-1 梁翼缘沿横向应变图

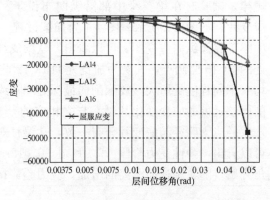

图 4-8   试件 SPC1-1 梁翼缘沿横向应变图

4.4.3　试验与有限元滞回性能对比分析

图 4-9 和图 4-10 为试验与有限元分析滞回曲线（梁端荷载 P-位移 Δ 曲线以及梁端弯矩 M-层间位移角 θ 曲线）对此，图 4-11 为试验与有限元分析骨架曲线对比。试件滞回曲线呈饱满的"梭形"，具有良好的耗能能力。非线性有限元分析较好地模拟出试件试验时的承载力下降，使有限元分析更加接近节点的真实受力状态。

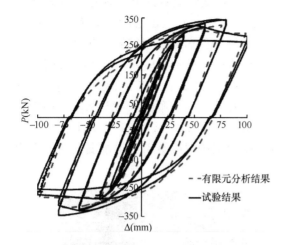

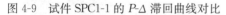

图 4-9　试件 SPC1-1 的 P-Δ 滞回曲线对比

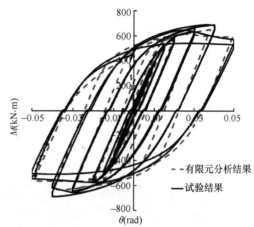

图 4-10　试件 SPC1-1 的 M-θ 滞回曲线对比

试件 SPC1-1 有限元计算结果
与试验结果对比　　　　表 4-7

节点	极限荷载 P_u (kN)		延性系数 μ		等效阻尼系数 h_e		$0.8M_p$ 对应总转角	
	有限元	试验	有限元	试验	有限元	试验	有限元	试验
SPC1-1	345.67	325.33	4.11	4.0	0.403	0.421	0.047	0.049

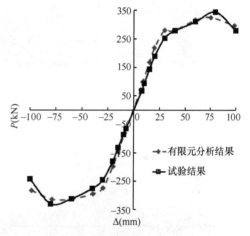

图 4-11　试件 SPC1-1 试验与
有限元分析骨架曲线对比

试件 SPC1-1 的有限元分析结果与试验结果对比见表 4-7。由表可知，有限元分析得到的极限荷载、延性系数、等效阻尼系数和 $0.8M_p$ 对应总转角等各项指标与试验结果非常相近，试件试验与有限元的各项指标最大误差不超过 4%，有限元分析结果与试验结果较为吻合。

从表 4-7 可以得出试件 SPC1-1 试验与有限元延性系数均大于 4，等效阻尼系数均大于 0.4，能够满足钢框架梁柱节点延性和耗能的要求。参照美国钢结构抗震规范，试件 SPC1-1 在 $0.8M_p$ 时对应的层间位移角满足层间位移角不小于 0.04 的要求，试件塑性变形能力良好，能够满足抗震性能要求。

4.5　SPC1-1 梁端加宽-翼缘削弱型节点与 SPC1-2 单纯削弱型节点对比分析

4.5.1　试验过程及有限元分析对比

试件 SPC1-2 的弹性受力阶段同样为 0.00375rad～0.015rad 层间位移角，试验节点承载力达到 218kN。由于梁端翼缘没有进行加宽，故比处于同一阶段的 SPC1-1 承载力低 15% 左右；层间位移角在 0.02rad～0.03rad 时，两试件梁翼缘开始屈服，有限元分析梁翼缘等效塑性应变最大值较为接近；加载在达到 0.03rad 层间位移角时，试件 SPC1-2 的承载力达到了 268.9kN 的极限承载力，较试件 SPC1-1 下降了约 22%；层间位移角达到 0.04rad 时，试件 SPC1-2 的梁上翼缘削弱处开始有屈曲，最大等效塑性应变值达到 41.84%，较试件 SPC1-1 高出约 40%，这是由于试件 SPC1-2 梁翼缘削弱尺寸比 SPC-1 大的原因；试件加载至 0.05rad 时的试验和非线性有限元的节点屈曲和塑性铰对比如图 4-12 和图 4-13 所示，试件的梁翼缘均有严重屈曲，试件 SPC1-2 梁削弱最大处发生断裂。试验和有限元分析结果证明，削弱钢框架梁翼缘会引起梁削弱处翼缘和腹板的局部屈曲。

(a) 　　　　　　　　　　　　　　　　*(b)*

图 4-12　试验 0.05rad 层间位移角时节点屈曲对比

(a) SPC1-2；*(b)* SPC1-1

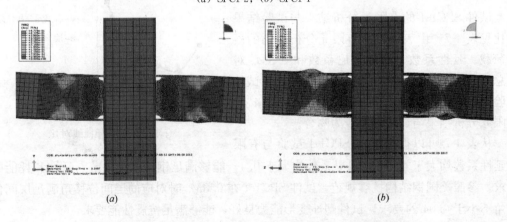

(a) 　　　　　　　　　　　　　　　　*(b)*

图 4-13　有限元分析 0.05rad 层间位移角时塑性铰对比

(a) SPC1-2；*(b)* SPC1-1

4.5.2　应变对比分析

1. 梁翼缘纵向应变

图 4-14 为选取的试件 SPC1-1 和 SPC1-2 于梁端和削弱处的应变片布置和应变变化图，BS1 和 ZS1 为试件 SPC1-1 应变片，BS2 和 ZS2 为试件 SPC1-2 应变片。在加载过程中，两试件相同位置处的应变变化有着相似的规律，梁端处试件 SPC1-1 比 SPC1-2 较早进入塑

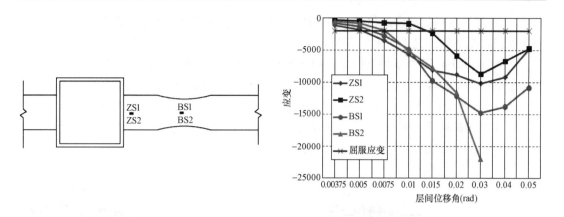

图 4-14 试件 SPC1-1、SPC1-2 梁翼缘纵向应变对比

性，削弱处的应变在加载至 0.02rad 层间位移角前应变基本相同，最大应变都出现在 0.03rad 的层间位移角，两个试件梁端处塑性应变较为接近，削弱处 SPC1-2 应变明显大于 SPC1-1)。继续加载后试件 SPC1-2 的应变急剧增大，反映出此时试件 SPC1-2 的翼缘屈曲较试件 SPC1-1 严重。

2. 梁腹板纵向应变

图 4-15 为选取的试件 SPC1-1 和 SPC1-2 腹板应变片布置和应变变化图，FSX1 和 FSZ1 为试件 SPC1-1 应变片，FSX2 和 FSZ2 为试件 SPC1-2 应变片。由图可知，层间位移角加载至 0.02rad 时，两个试件的应变变化相同，腹板均未进入塑性；继续加载后，试件 SPC1-2 的削弱处腹板在 0.03rad 层间位移角时进入塑性；而试件 SPC1-1 直到层间位移角达到 0.04rad 时削弱处腹板应变值出现突变急剧增大，才开始进入塑性。与削弱最深处相比，削弱起始截面处的应变数值较小。

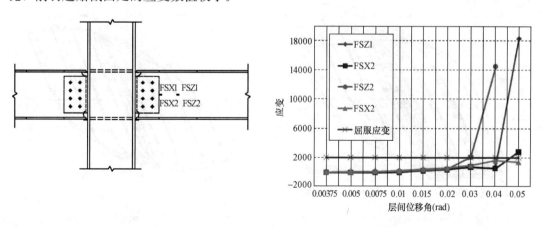

图 4-15 试件 SPC1-1、SPC1-2 梁腹板纵向应变对比

4.5.3 滞回性能对比分析

图 4-16～图 4-19 为试件 SPC1-1 与试件 SPC1-2 滞回曲线的试验与非线性有限元分析分别对比。由图可以看出，两个节点的滞回曲线均较为饱满，具有较好的耗能能力。试件

SPC1-1 在加载后期的刚度退化较试件 SPC1-2 略小。由于试件 SPC1-1 的梁端翼缘进行了加宽加强，削弱深度又小于试件 SPC1-2，故其承载力明显高于试件 SPC1-2。

　　图 4-20、图 4-21 为试件 SPC1-1 和 SPC1-2 骨架曲线的试验对比与有限元分析对比。无论是试验还是有限元结果，试件 SPC1-1 的骨架曲线均在试件 SPC1-2 骨架曲线外侧，试件 SPC1-1 在各级荷载作用下的承载力均大于试件 SPC1-2。可见，与单纯削弱型节点相比，栓焊梁端扩翼-翼缘削弱型节点不仅能有效地达到塑性铰外移的目的，同时能够保证梁的强度得到充分发挥，提高节点的承载力。

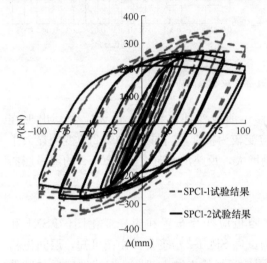

图 4-16　试件 SPC1-1 与 SPC1-2
试验 P-Δ 滞回曲线对比

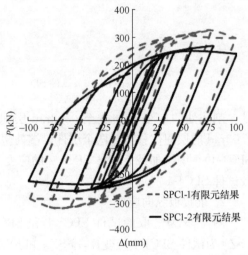

图 4-17　试件 SPC1-1 与 SPC1-2
有限元 P-Δ 滞回曲线对比

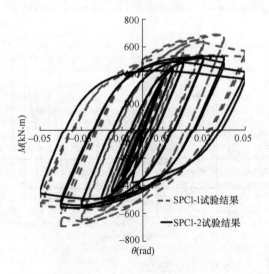

图 4-18　试件 SPC1-1 与 SPC1-2
试验 M-θ 滞回曲线对比

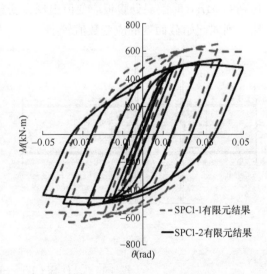

图 4-19　试件 SPC1-1 与 SPC1-2
有限元 M-θ 滞回曲线对比

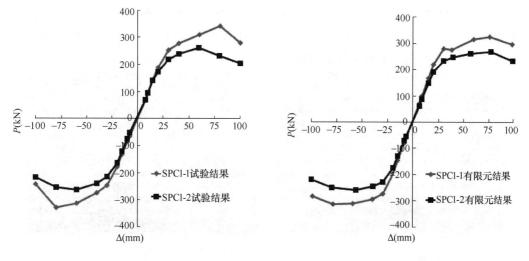

图 4-20　试件 SPC1-1 与 SPC1-2
试验骨架曲线对比

图 4-21　试件 SPC1-1 与 SPC1-2
有限元骨架曲线对比

试件 SPC1-1 和 SPC1-2 的试验与有限元分析结果见表 4-8。由表可知，试件 SPC1-2 的有限元分析得到的极限荷载、延性系数、等效阻尼系数和 $0.8M_p$ 对应总转角等各项指标参数与试验结果相近，最大误差不超过 6%，有限元分析结果与试验结果较为吻合。

两试验节点各项分析参数对比表明，试件 SPC1-2 的各项分析参数均小于试件 SPC1-1，所以试件 SPC1-2 承载力、延性和耗能性能不如试件 SPC1-1。

试件 SPC1-1 与 SPC1-2 试验与有限元分析结果对比　　　　　　　表 4-8

试件	极限荷载 P_u（kN）		延性系数 μ		等效阻尼系数 h_e		$0.8M_p$对应总转角	
	有限元分析	试验	有限元分析	试验	有限元分析	试验	有限元分析	试验
SPC1-1	345.7	325.3	4.11	4.0	0.403	0.421	0.047	0.049
SPC1-2	268.9	267.8	3.85	3.67	0.382	0.361	0.046	0.044

4.6　SPC1-1 梁端加宽-翼缘削弱型节点与 SPC1-3 梁端加宽型节点对比分析

4.6.1　试验过程及有限元分析对比

试件 SPC1-3 在普通钢框架梁柱节点的基础上于梁端翼缘两侧加焊了一块与翼缘等厚的梯形钢板，宽度为 60mm，其弹性受力阶段（0.00375rad～0.015rad）承载力达到了 269kN，较试件 SPC1-1 的承载力高出 8% 左右。加载至 0.02rad 层间位移角时，试件 SPC1-3 翼缘同样开始屈服，与试件 SPC1-1 梁翼缘最初屈服出现在削弱处不同，其最初屈服位置出现在翼缘加宽末端，有限元分析梁翼缘等效塑性应变最大值为 25.98%；试件 SPC1-3 的极限承载力出现在 0.03rad 层间位移角，大小为 365.5kN，比试件 SPC1-1 高出约 12%，梁翼缘加宽末端有微小屈曲变形；继续加载至 0.04rad 层间位移角，腹板开始屈曲，翼缘屈曲变形严重，最终下翼缘加宽末端发生断裂，如图 4-22 所示，试件 SPC1-1 的翼缘屈曲程度在层间位移角为 0.04rad 时比试件 SPC1-3 要小。图 4-23 为非线性有限元分析 0.05rad 层间位移角时塑性铰对比,由分析图可以看出,试件 SPC1-3 的翼缘屈曲比试件 SPC1-1 要大,这与试验趋势吻合较好。

(a)　　　　　　　　　　　　(b)

图 4-22　试验 0.04rad 层间位移角时节点屈曲对比

(a) SPC1-3;(b) SPC1-1

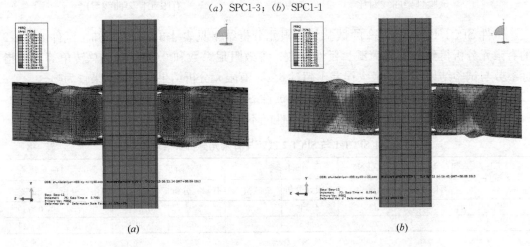

(a)　　　　　　　　　　　　(b)

图 4-23　有限元分析 0.05rad 层间位移角时塑性铰对比

(a) SPC1-3;(b) SPC1-1

图 4-24 为选取的试件 SPC1-1 和 SPC1-3 于变截面处的应变片布置和应变变化图,

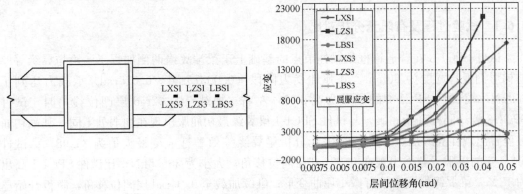

图 4-24　试件 SPC1-1、SPC1-3 梁翼缘纵向应变对比

LXS1、LZS1 与 LBS1 为试件 SPC1-1 应变片，LXS3、LZS3 与 LBS3 为试件 SPC1-3 应变片，均位于塑性铰区。部分应变片在加载后期中数据出现异常，故后期加载级数据缺失。由应变图可以看出，三个位置的钢材均较早进入塑性，0.02rad 层间位移角之后应变值增长加快，加载至 0.04rad～0.05rad 层间位移角时达到峰值，中间位置应变值增长快于两侧。由于试件 SPC1-3 梁翼缘没有削弱，其应变增长慢于试件 SPC1-1。

4.6.2　滞回性能对比分析

　　图 4-25～图 4-28 为试件 SPC1-1 与试件 SPC1-3 滞回曲线的试验与非线性有限元分析分别对比。由滞回曲线图可以看出，两个试件的滞回曲线较为接近，均圆滑饱满，滞回环面积较大，有着良好的耗能能力。图 4-29、图 4-30 为试件 SPC1-1 和 SPC1-3 骨架曲线的试验对比与有限元分析对比。在达到极限承载力之前，试件 SPC1-3 的骨架曲线均在试件 SPC1-1 骨架曲线外侧，各级荷载作用下的承载力略大于试件 SPC1-1。之后，试件 SPC1-3 的承载力迅速下降，有限元分析结果显示到层间位移角 0.05rad 时，两试件的承载力已很接近。

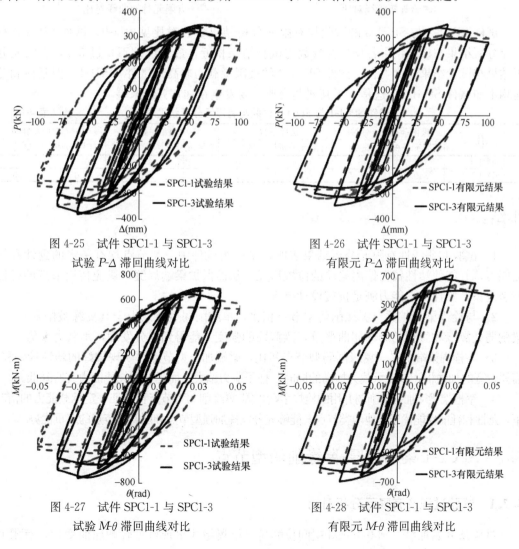

图 4-25　试件 SPC1-1 与 SPC1-3
试验 P-Δ 滞回曲线对比

图 4-26　试件 SPC1-1 与 SPC1-3
有限元 P-Δ 滞回曲线对比

图 4-27　试件 SPC1-1 与 SPC1-3
试验 M-θ 滞回曲线对比

图 4-28　试件 SPC1-1 与 SPC1-3
有限元 M-θ 滞回曲线对比

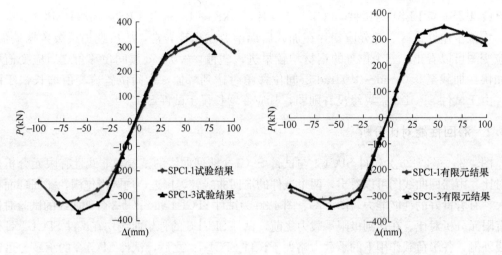

图 4-29　试件 SPC1-1 与 SPC1-3　　　　　图 4-30　试件 SPC1-1 与 SPC1-3
试验骨架曲线对比　　　　　　　　　　有限元骨架曲线对比

试件 SPC1-1 与 SPC1-3 的试验与有限元分析结果参数对比见表 4-9。试件 SPC1-3 有限元分析结果与试验结果各项指标参数与试验结果相近，最大误差不超过 5％，有限元分析结果与试验结果较为吻合。试件 SPC1-3 的极限承载力略高于试件 SPC1-1，但延性和耗能均不如试件 SPC1-1，这是由于其屈曲变形主要发生在加宽翼缘末端。

试件 SPC1-1 与 SPC1-3 试验与有限元分析结果对比　　　　　　表 4-9

试件	极限荷载 P_u（kN）		延性系数 μ		等效阻尼系数 h_e		$0.8M_p$ 对应总转角	
	有限元分析	试验	有限元分析	试验	有限元分析	试验	有限元分析	试验
SPC1-1	345.7	325.3	4.11	4.0	0.403	0.421	0.047	0.049
SPC1-3	349.3	365.5	3.64	3.82	0.367	0.345	0.049	0.040

小结：

1）试验和非线性有限元分析结果表明，第一组试件中三类节点均有一定的延性和耗能能力，并能使塑性铰在偏离梁端的位置形成，从而保护梁端焊缝，避免传统节点的脆性断裂现象，塑性变形能力满足抗震设计要求。

2）与栓焊梁端扩翼－翼缘削弱型节点相比，单纯削弱型节点由于其翼缘被削弱较多，梁削弱处翼缘和腹板的局部屈曲严重，梁截面的强度不能得到充分发挥，承载力偏低。

3）与栓焊梁端扩翼－翼缘削弱型节点相比，梁端加强型节点要实现较好的塑性铰外移，需要较宽的加强板，节点承载力提高的同时，柱子应力偏大，而延性和耗能能力有所降低。

4）钢框架梁端加强与削弱并用的栓焊梁端扩翼-翼缘削弱型节点在保证一定承载能力的情况下，延性和耗能性能优于其他两类节点，能够充分发挥加强型节点和削弱型节点的双重优势。

4.7　SPC2-1 梁端加厚-翼缘削弱型节点

4.7.1　试验过程及有限元分析对比

试验从开始加载直到 0.03rad 层间位移角，梁翼缘才出现可见轻微屈曲变形，有限元分析结果显示梁翼缘等效塑性应达到 25.15%；继续加载至 0.04rad 层间位移角时，试件梁翼缘屈曲变形迅速变大，直到梁端加厚板末端突然发生断裂，有限元分析结果显示塑性已经发展到整个梁截面，塑性铰在梁端加厚板末端形成，如图 4-31 所示。

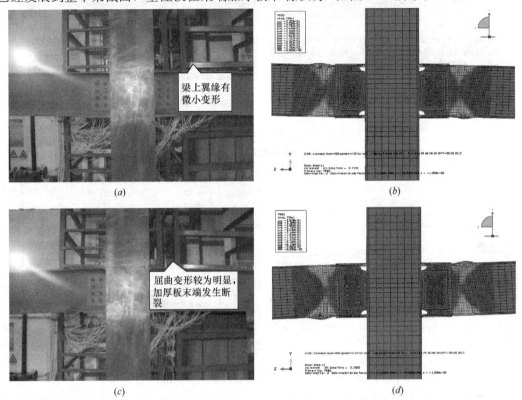

图 4-31　试件 SPC2-1 塑性铰的形成和发展

(a) 试验 0.03rad；(b) 有限元分析 0.03rad；(c) 试验 0.04rad；(d) 有限元分析 0.04rad

4.7.2　破坏形态

在试验加载至 0.04rad 层间位移角前，梁端加厚板外侧翼缘和相应位置腹板已经发生较为明显的屈曲变形，梁翼缘加厚位置没有可见变形，塑性铰形态基本呈现，表明梁端翼缘加厚能够较好地实现翼缘加强，使得屈曲变形位置向加厚板外侧转移，有效地保护梁柱焊缝。在加载至 0.04rad 层间位移角的过程中，试件一侧梁上翼缘突然发生断裂，断裂位置在加厚板末端。由图 4-32 可以看出，应力较大的区域屈曲变形也较为明显，有限元分析的受力变形形态与试验结果基本一致。

4.7.3　应变变化规律

1. 梁翼缘应变沿纵向的变化规律

图 4-33 为梁下翼缘纵向应变监测点位置及各级加载应变图。由应变图的应变变化可以看出，最靠近加厚板的监测点 LC6 与梁翼缘削弱最深处的监测点 LC9 应变始终较大，在加载至 0.01rad 层间位移角时开始进入屈服，并在继续加载中增长迅速，表明此处变形较大，引起应变增大。

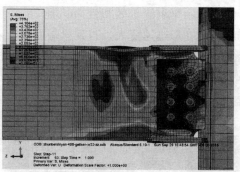

图 4-32   试件 SPC2-1 试验与有限元分析的破坏形态对比

(a) 试验图片；(b) 有限元分析 Mises 应力云图

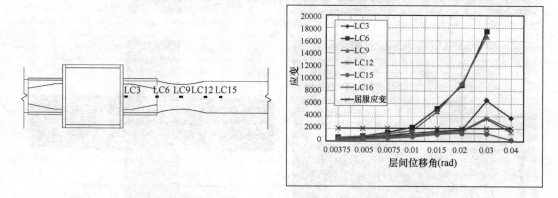

图 4-33   试件 SPC2-1 梁翼缘纵向应变图

2. 梁腹板应变沿纵向的变化规律

图 4-34 为梁腹板纵向应变监测点位置及各级加载应变图。由图可以明显看出，从 0.03rad 层间位移角开始，腹板中部应变开始迅速变大。层间位移角到达 0.04rad 时，FZ2 监测点应变急剧增大，此时梁端塑性铰在翼缘削弱处基本形成。

4.7.4　应力变化规律

应力路径 1 在梁翼缘中部沿梁长度方向，从梁柱对接焊缝的末端到距柱翼缘表面

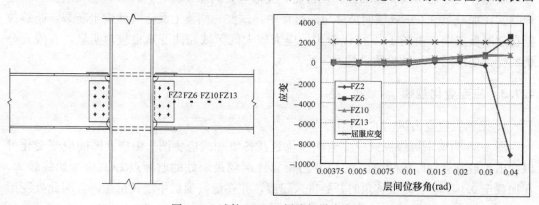

图 4-34   试件 SPC2-1 梁腹板纵应变图

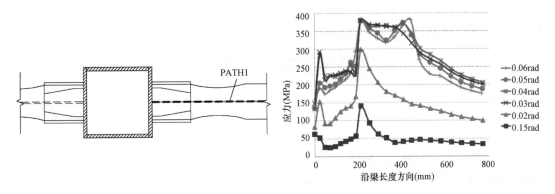

图 4-35 试件 SPC2-1 应力路径示意图与相应应力分布

800mm 处。由图 4-35 可以看出，层间位移角在 0.01rad～0.02rad 时，应力趋势在 50mm ～200mm 范围内均是增大而后逐渐减小，距柱面 200mm 处为加厚盖板末端，此处的应力最大。在层间位移角达到 0.03rad 后，距离柱面 200mm～520mm 范围内的应力增长快于柱面附近应力。距离柱面 200mm～520mm 范围为梁削弱范围，塑性铰形成以后，梁端焊缝处应力不再有增长，表明梁端焊缝得到了有效保护。

4.7.5 滞回曲线对比分析

图 4-36～图 4-38 为试件 SPC2-1 试验与有限元分析滞回曲线与骨架曲线对比，由对比曲线可以看出，有限元分析所得滞回曲线与试验结果吻合较好。有限元分析补充了 0.04rad 层间位移角以后的结果，结果显示试件在 0.05rad 层间位移角时承载力有明显下降。

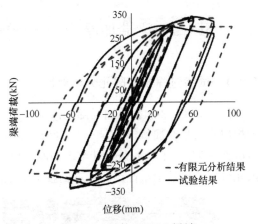

图 4-36 试件 SPC2-1 梁端荷载-位移滞回曲线对比

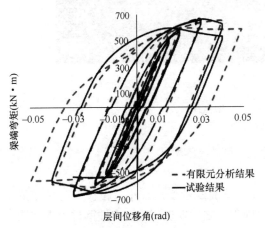

图 4-37 试件 SPC2-1 梁端弯矩-层间位移角滞回曲线对比

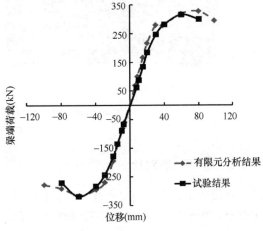

图 4-38 试件 SPC2-1 梁端荷载-位移骨架曲线对比

4.7.6 主要指标对比分析

试件 SPC2-1 试验与有限元分析结果对比   表 4-10

节点	极限荷载 P_u（kN）		延性系数 μ		等效阻尼系数 h_e		$0.8M_p$对应总转角	
	试验	有限元	试验	有限元	试验	有限元	试验	有限元
SPC1-3	336.38	327.97	3.74	3.97	0.325	0.368	0.040	0.047

试件 SPC2-1 的有限元分析结果与试验结果对比见表 4-10。由表中数据可知，有限元分析得到的极限荷载、延性系数、等效阻尼系数和 $0.8M_p$ 对应总转角等各项指标与试验结果非常相近，相差最大不超过 15%。

试件 SPC2-1 的试验与有限元延性系数略小于 4，等效阻尼系数略小于 0.4，能够满足钢框架梁柱节点延性和耗能的要求。在 $0.8M_p$ 时，对应的层间位移角满足层间位移角不小于 0.04 的要求。试件塑性变形能力良好，能够满足抗震性能要求。

4.8 SPC2-2 梁端加厚-短梁螺栓全拼接型节点

4.8.1 试验过程及有限元分析对比

试件 SPC2-2 的整体和局部构造见图 4-39。试件 SPC2-2 的试验现象与试件 SPC1-3 颇为相似，均是在加载至 0.04rad 层间位移角时，试验节点梁盖板末端处下翼缘发生断裂，与试件 SPC1-3 不同的是，其梁端加厚板外侧翼缘变形现象并不明显，如图 4-40 所示。有限元分析结果显示塑性已经发展到整个梁截面，塑性铰在梁端加厚板末端形成。

(a)   (b)

图 4-39 试件 SPC2-2 试验节点图
(a) 整体；(b) 局部

4.8.2 破坏形态对比

在试验中，从开始加载至梁翼缘断裂试验停止，梁翼缘的变形较小，腹板无可见变形。加载至 0.04rad 时，在加厚板末端处梁下翼缘发生断裂。之后发现试验、构件钢材出现问题，导致终止。图 4-41 为试件 SPC2-2 试验与有限元分析的破坏形态对比，图中有限元分析的受力破坏形态可以看出，在偏离梁上下翼缘盖板加强处出现塑性铰。

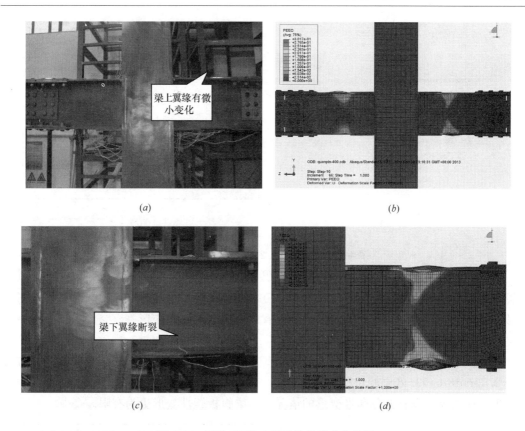

图 4-40 试件 SPC2-2 塑性铰的形成和发展

(a) 试验 0.03rad；(b) 有限元分析 0.03rad；(c) 试验 0.04rad；(d) 有限元分析 0.04rad

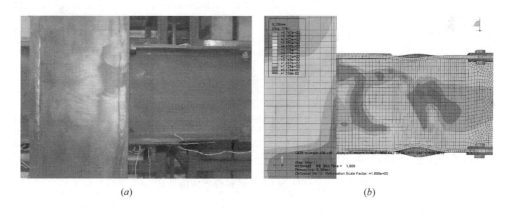

图 4-41 试件 SPC2-2 试验与有限元分析的破坏形态对比

(a) 试验图片；(b) 有限元分析结果

4.8.3 应变变化规律

1. 梁翼缘应变沿纵向的变化规律

图 4-42 为试件 SPC2-2 梁下翼缘纵向应变图。由图可以看出，在加载过程当中，从梁屈服开始，LD5 与 LD8 的监测点应变增长较快，LD5 处的应变值一直最大，说明此处应

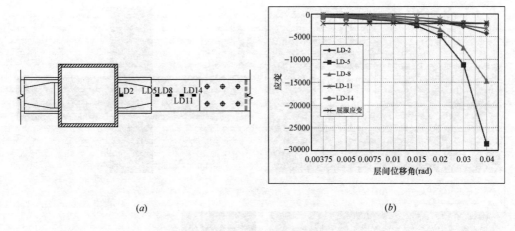

(a)　　　　　　　　　　　　　　　(b)

图 4-42　试件 SPC2-2 梁翼缘纵向应变图
（a）试验图片；（b）有限元分析结果

力较为集中。LD8 右侧的监测点在加载至 0.03rad 层间位移角后才开始进入塑性，且继续加载应变值增长不大，表明此处的钢材并没有出现预期的塑性变形。

　　2. 梁腹板应变沿纵向的变化规律

　　图 4-43 为试件 SPC2-2 梁腹板纵向应变图。由应变图可以看出，腹板进入塑性是在加载至 0.02rad～0.03rad 层间位移角的过程中，后期的应变变化并不大，应变值远小于梁翼缘，表明在梁翼缘没有充分塑性变形的情况下，梁腹板塑性变形更为有限。

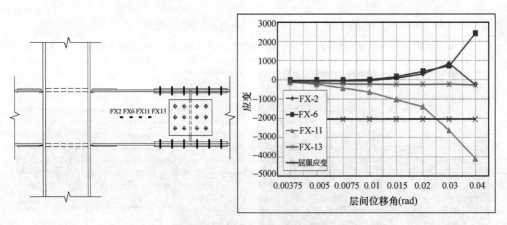

图 4-43　试件 SPC2-2 梁腹板纵向应变图

4.8.4　应力变化规律

　　应力路径 1 在梁翼缘中间沿梁长度方向，从梁柱对接焊缝的末端到距柱翼缘表面800mm。由图 4-44 可以看出，层间位移角在 0.01rad 时，柱面处应力最大，其他处应力较为均匀；从层间位移角为 0.015rad 开始，随着距柱面距离的增加，应力值先增大后逐渐减小；继续加载至 0.03rad 层间位移角后，应力最大处出现在距离柱面 200mm 左右，即加厚板外侧，与试验监测得到的规律一致；加载至层间位移角 0.04rad 左右时，塑性铰在距离柱面 200mm～500mm 梁削弱范围内基本形成，而在这整个过程中柱面处应力保持着

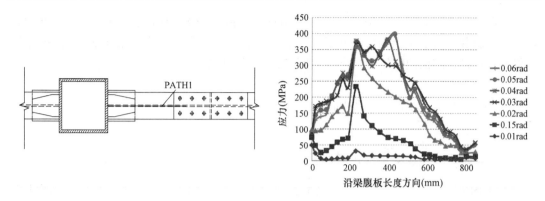

图 4-44 试件 SPC2-2 应力路径示意图与相应应力分布

较低的水平,表明梁端焊缝得到了较好的保护。

4.8.5　滞回曲线对比分析

图 4-45、图 4-46 为试件 SPC2-2 试验与有限元分析滞回曲线与骨架曲线对比,由对比

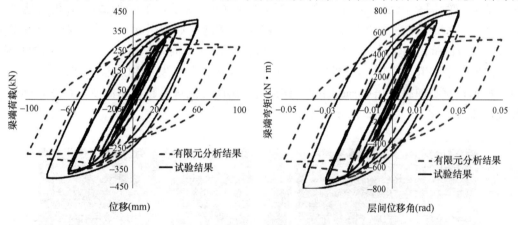

图 4-45　试件 SPC2-2 试验与有限元分析滞回曲线对比

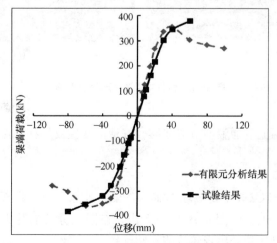

图 4-46　试件 SPC2-2 试验与有限元分析骨架曲线对比

图可以看出，在加载至 0.02rad 层间位移角前，有限元分析滞回曲线与试验结果吻合较好。继续加载，由于试验钢材的问题，试验梁塑性变形有限，承载力较有限元结果偏高。有限元分析试件滞回曲线较为饱满，表明其耗能能力良好。

4.9 SPC2-3 梁端上下加腋型节点

4.9.1 试验过程及有限元分析对比

试件 SPC2-3 加载制度及方法与之前分析节点相同，如图 4-47 所示。试件在结束弹性加载阶段后，试验和有限元分析所得到的承载力分别达到 320kN 和 365.9kN；当层间位移角达到 0.02rad 时，试件开始屈服，有限元分析结果显示梁翼缘等效塑性应变最大值达到 17.85%，试验和有限元分析所得到的承载力分别增长到了 347.3kN 和 380kN，如图 4-48（a）、（b）所示；继续加载至 0.03rad 层间位移角时，试件在梁下翼缘发生可见微小变形，梁翼缘开始屈曲，如图 4-48（c）所示，此时达到极限承载力 376.4kN；相应的有限元模型梁翼缘同样出现了轻微屈曲，如图 4-48（d）所示，正向加载时承载力达到了 375.8kN，而负向承载力却下降到了 318.4kN，梁翼缘的屈曲引起承载力下降，且承载力出现下降与试验相比较早；当层间位移角加载至 0.04rad 时，试件梁上下翼缘屈曲加剧，腹板出现明显突起，有限元分析结果显示塑性区已经深入发展到腹板，如图 4-48（e）、（f）所示；直到加载至 0.05rad 层间位移角时，梁腋外侧翼缘腹板屈曲变形严重，塑性铰形成，如图 4-48（g）、（h）所示。

（a） （b）

图 4-47 试件 SPC2-3 试验节点图
（a）整体；（b）局部

以上分析表明梁端上下加腋型节点能够较好地使塑性铰外移，保护梁端焊缝。

4.9.2 破坏形态对比

在试验中，试件 SPC2-3 主要破坏形态为：梁腋外侧翼缘、腹板屈曲变形严重，试件有较为明显的塑性铰出现。由图 4-49 可以看出，有限元分析的受力破坏形态与试验结果基本一致，均在偏离梁加腋处出现较为明显塑性铰。

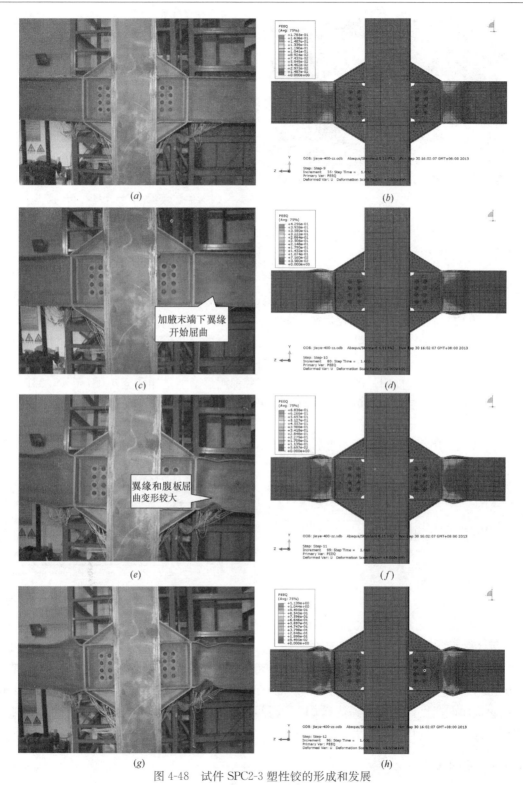

图 4-48 试件 SPC2-3 塑性铰的形成和发展

(a) 试验 0.02rad；(b) 有限元分析 0.02rad；(c) 试验 0.03rad；(d) 有限元分析 0.03rad；
(e) 试验 0.04rad；(f) 有限元分析 0.04rad；(g) 试验 0.05rad；(h) 有限元分析 0.05rad

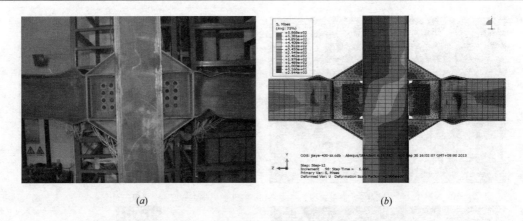

(a) (b)

图 4-49 试件 SPC2-3 试验与有限元分析破坏形态对比
(a) 试验；(b) 有限元分析

4.9.3 应变变化规律

1. 梁翼缘应变沿纵向的变化规律

图 4-50 为试件 SPC2-3 梁下翼缘纵向应变图。由试验结果可以看出，在整个加载过程中，从梁屈服开始，梁的最大应变一直处于距离腋板处的 LC2 点，随着层间位移角的增加，梁翼缘屈服程度加剧，图示监测点处的应变都明显增加，加载至 0.04rad～0.05rad 之间时，LC5 处的应变值变为负值，说明此处屈曲变形很大，引起应变值变号。

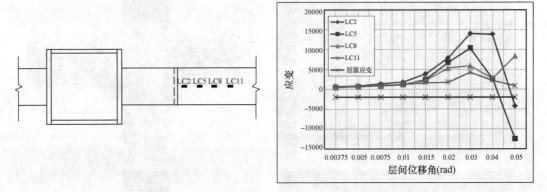

图 4-50 试件 SPC2-3 试验梁翼缘纵向应变图

2. 梁腹板应变沿纵向的变化规律

图 4-51 为试件 SPC2-3 梁腹板纵向应变图。由试验结果可以看出，腹板从加载至 0.02rad 层间位移时开始出现屈服；从 0.03rad 层间位移角开始应变开始加速增加，对应的腹板屈曲明显，当加载到达 0.04rad 层间位移角时，FZ13 点应变急剧增大，此时梁端塑性铰已经明显转移到腋板外侧。

4.9.4 滞回曲线对比分析

图 4-52、图 4-53 为试件 SPC2-3 试验与有限元分析滞回曲线与骨架曲线对比。由对比图可以看出，试验滞回曲线饱满，滞回环面积较大，节点有较好的耗能能力。试件承载力

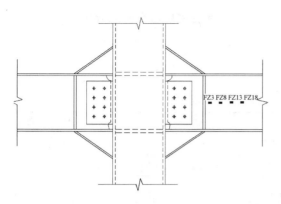
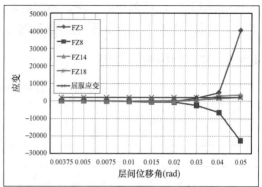

图 4-51　试件 SPC2-3 试验梁腹板纵向应变图

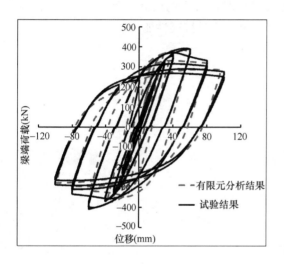
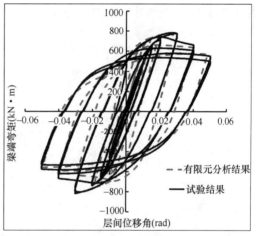

图 4-52　试件 SPC2-3 试验与有限元分析滞回曲线对比

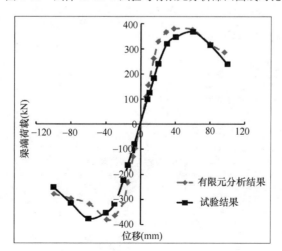

图 4-53　试件 SPC2-3 荷载-位移骨架曲线对比

从 0.03rad 层间位移角开始下降，加载后期试验试件刚度退化比起有限元分析稍大。总体来说，有限元分析结果与试验结果较为吻合。

4.9.5 主要指标对比分析

试件 SPC2-3 有限元计算结果与试验结果对比   表 4-11

节点	极限荷载 P_u（kN）		延性系数 μ		等效阻尼系数 h_e		$0.8M_p$ 对应总转角	
	试验	有限元	试验	有限元	试验	有限元	试验	有限元
SPC2-3	392.31	385.80	3.69	3.83	0.365	0.369	0.040	0.040

试件 SPC2-3 有限元计算结果与试验结果对比见表 4-11。由表中数据可知，试件 SPC2-3 试验与有限元分析结果相吻合，延性系数均大于 3，等效阻尼系数均大于 0.3，滞回曲线较为饱满，延性和耗能能力良好。在 $0.8M_p$ 时，对应的层间位移角满足层间位移角不小于 0.04 的要求。试件塑性变形能力良好，能够满足抗震性能要求。

第 5 章 框架梁柱十字形抗震节点 ABAQUS 非线性有限元分析实例

为了让初学者对 ABAQUS 软件建模有一个较为详细的认识，本实例取用的是梁端加宽—翼缘削弱型节点，以此节点设计进行 ABAQUS 有限元建模并进行简略分析。

5.1 问题描述

梁端加宽-翼缘削弱型节点具体尺寸和构造见图 5-1、图 5-2、图 5-3 和表 5-1。

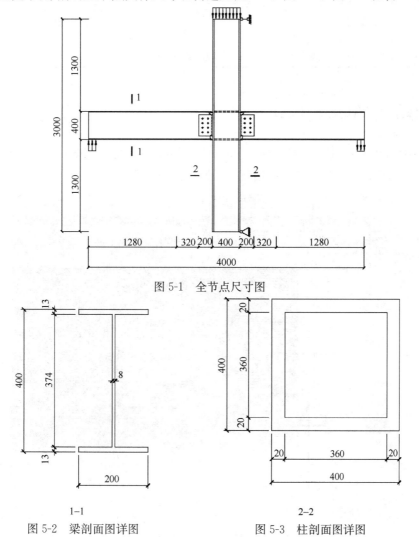

图 5-1 全节点尺寸图

1—1
图 5-2 梁剖面图详图

2—2
图 5-3 柱剖面图详图

梁端加宽-翼缘削弱型节点	表 5-1

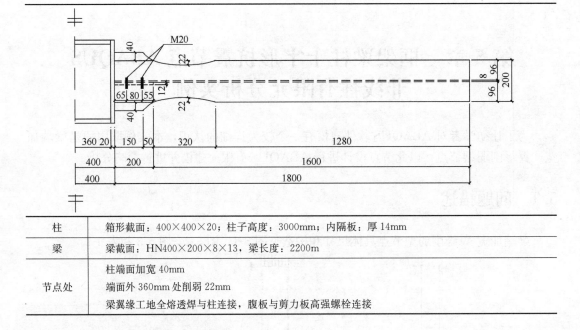

柱	箱形截面：400×400×20；柱子高度：3000mm；内隔板：厚 14mm
梁	梁截面：HN400×200×8×13，梁长度：2200m
节点处	柱端面加宽 40mm 端面外 360mm 处削弱 22mm 梁翼缘工地全熔透焊与柱连接，腹板与剪力板高强螺栓连接

5.2　启动 ABAQUS/CAE

启动 ABAQUS/CAE，选择 Create Model Database 下的 WithStandard/ExplicitModel，进入 ABAQUS 的主窗口进行创建新模型操作，如图 5-4 所示。

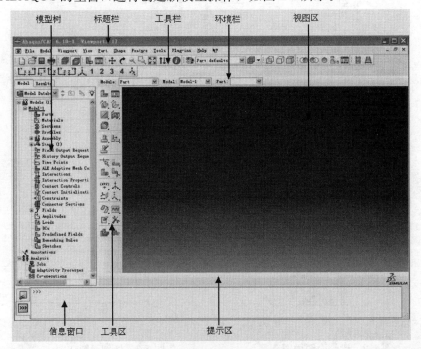

图 5-4　ABAQUS/CAE 主窗口

5.3 创建部件

5.3.1 柱

在主窗口界面中的工具区找到并点击 CreatePart（▢）命令，弹出如图 5-5 所示的操作窗口。构件名称（Name）建议修改成读者熟知的名称，以方便之后的操作。这里笔者将其命名为"column"。

这里要创建的是三维（3D）可变形（Deformable）实体（Solid）模型，三维构件由二维图形拉伸（Extrusion）形成，Approximate，size 设置为与模型尺寸接近的尺寸（这里设为 500）。点击 Continue 进入如图 5-6 所示的操作界面。

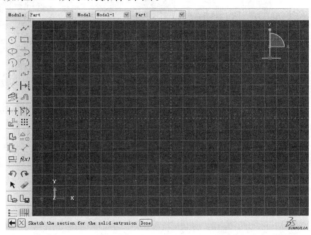

图 5-5　创建部件对话框　　　　　　　图 5-6　二维草图绘制界面

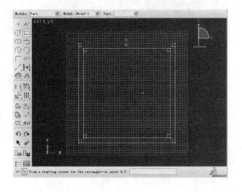

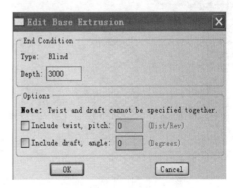

图 5-7　箱柱截面二维草图　　　　　　图 5-8　定义柱拉伸长度

点击 Create Line Rectangle（4Lines）（▢）命令，按照所设计的柱尺寸画线。在提示区的输入框内输入起始坐标（−200，−200），回车一次后输入终止坐标（200，200），然后再次回车，便画好了一个边长为 400mm 的正方形柱子外框线。同理画出与其同心的边长为 360mm 的正方形，如图 5-7 所示界面。连续点击二次鼠标滑轮（第二次可以用鼠标左键点击提示区的 Done 选项），会出现如图 5-8 所示的对话框。在对话框中 Depth（厚度）栏输入 3000，其他默认选项不变，点击 OK 便会出现如图 5-9 所示的界面。

在工具区找到 Partition Cell：Define Cutting Plane（🖳），并长按鼠标左键，出现一排分割方式的选项。点击 Partition Cell：Extrude/Sweep Edges（🖳），选择柱的内正方形沿柱长的任意一边后点击鼠标滑轮，提示区会出现如图 5-10 所示的提示。点击 ExtrudeAlongDirection 选项（由于软件默认了此选项，所以也可以直接点击鼠标滑轮确定），之后选择与此边垂直的正方形的一边，如图 5-11 所示。点击提示栏中的 Flip 选项，可以改变切割方向（图中红色圆锥箭头的指向）。接着在提示区鼠标左键点击 OK，接着点击 Create Partition 按钮（也可以连续点击两次鼠标滑轮）完成部分切割，如图 5-12 所示。之后如法炮制，将柱切割成如图 5-13 所示的界面。

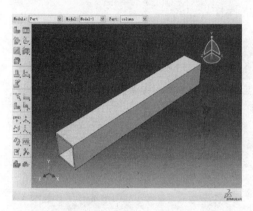

图 5-9　柱初始模型

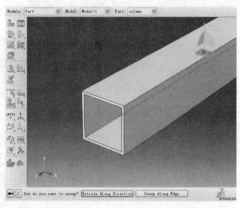

图 5-10　柱切割线位置

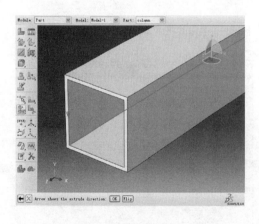

图 5-11　切割方向

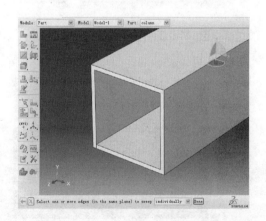

图 5-12　完成第一次切割

下面画出柱的梁柱接触区，以方便后面划分网格时进行加密。在工具区找到并点击 PartitionFace：Sketch（🖳），选择柱沿长度方向的任意一个面（按住 Shift 键可实现同时选择多个面），如图 5-14 所示。之后点击一次鼠标滑轮（或点击提示区中的 Done 选项），选择图 5-14 中红色长方形的一条短边，之后会出现如图 5-15 所示的界面（注：此处所选边会出现在图 5-15 所示界面的右侧，出现的位置可以通过选边之前提示区的下拉菜单选项进行调整）。

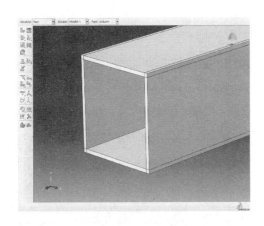
图 5-13　沿长度切割完成

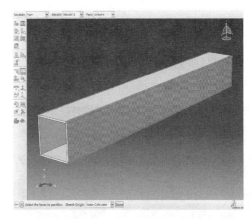
图 5-14　选择一个侧面

在工具区找到并点击 Create Isolated Point（＋），在长方形的边线上随意点一点，如图 5-16 所示的界面。同理，找到定位竖直虚线与此边的焦点。

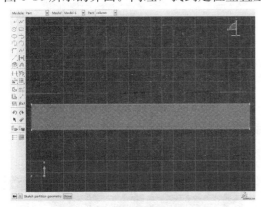
图 5-15　二维草图绘制界面

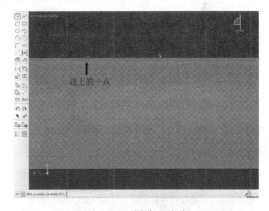
图 5-16　创建一个点

在工具区找到并点击 AddDimension（ ），连接两点后点击鼠标左键，在提示区输入 300，点击鼠标滑轮，便会出现如图 5-17 所示的界面，如此便找到一个定位点。同理，按图 5-18 所示的尺寸找到其余各点并点击 Create Lines：Connected（ ）连线。

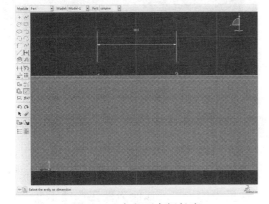
图 5-17　定义两点间长度

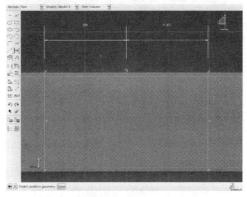
图 5-18　绘制定位直线

点击鼠标滑轮（或点击提示区 Done 选项），便在柱子的一个侧面画出两条用于切割的定位线，如图 5-19 所示。

在工具区找到并点击 Partition Cell：Extrude/Sweep Edges（），点击鼠标滑轮（或左击提示区 Done 选项），提示区会出现选择切边的提示。选择如图 5-20 所示定位线。

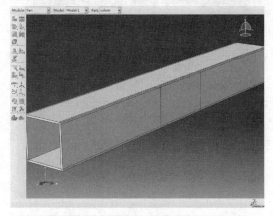

图 5-19   定位直线绘制完成   图 5-20   选择切割线

连续两次点击鼠标滑轮（或点击提示区 Done 选项后接着点击 Extrude Along Direction 选项），选择任意一条切向线，这里选择如图 5-21 所示的切向线。

点击提示栏的 OK 选项，然后再点击 Create Partition 选项，就会出现如图 5-22 所示的界面。同理，沿柱面上另一根线将柱切割成如图 5-23 所示的界面。最后点击 Done 选项完成柱子切割。

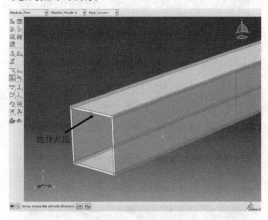
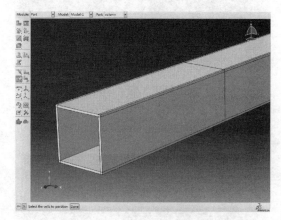

图 5-21   确定切割方向   图 5-22   切割完成

5.3.2   梁

和柱子建模相同，在工具区找到并点击 Create Part（）命令，笔者命名"beam"。Approximate size 设置为和模型尺寸接近尺寸，这里设为 500，其他为默认选项不变，点击 Continue 选项。

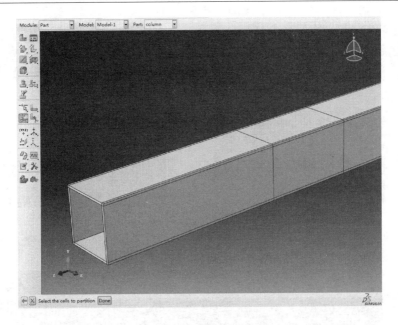

图 5-23　柱部件完成建模

　　在工具区找到并点击 Create Lines：Connected（　　），在提示区依次输入各点的坐标：（−140，200），（140，200），（140，187），（4，187），（4，−187），（140，−187），（140，−200），（−140，−200），（−140，−187），（−4，−187），（−4，187），（−140，187），（−140，200），这样就构成一个封闭的 H 型钢梁的截面轮廓。连续点击两次鼠标滑轮，在 EditbaseExtrusion 的对话框中的 Depth（厚度）中输入 1800，如图 5-24 所示的界面。点击 OK 选项，便会出现如图 5-25 所示的梁的初始模型。

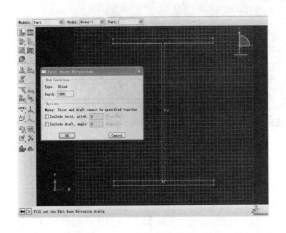

图 5-24　工字梁二维草图

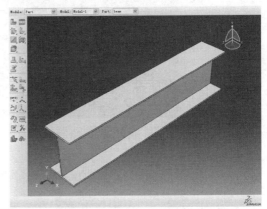

图 5-25　梁初始模型

　　接着对梁进行切割。在工具区找到并点击 Create Cut：Extrude（　　），选择梁翼缘上表面，如图 5-26 所示。按提示区提示选择所选面的一边，进入草图界面。接下来找到如图 5-27 标示的四个定位点（沿梁宽方向对称），定位点位置尺寸如图 5-28 所示。

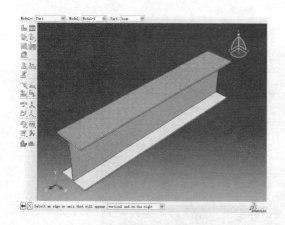

图 5-26　选择翼缘面

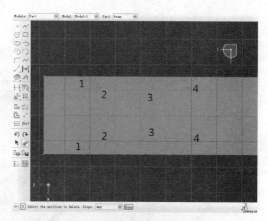

图 5-27　定位点位置示意

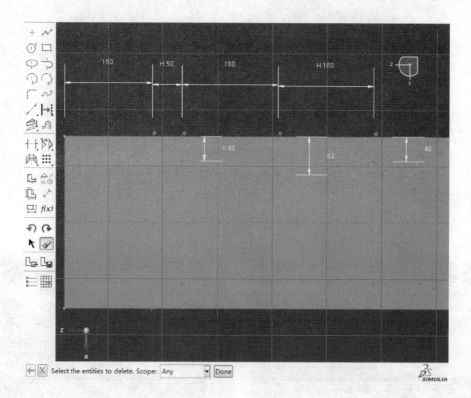

图 5-28　定位点坐标示意

定位点确定后，用直线和曲线（连接 2、3、4 点的是圆弧线，使用 Create Arc：Thru 3 points（）画弧线），把准备切去的部分圈起来（务必是一封闭区域），如图 5-29 所示。点击鼠标滑轮（或点击提示区 Done 选项）便会出现如图 5-30 所示的对话框。默认不变点击 OK 选项，即完成梁的部分切割，切割后如图 5-31 所示。用切割工具，将梁进一步切割成如图 5-32 所示的状态（将梁翼缘与腹板，梁与加宽板，梁变截面处切开）。

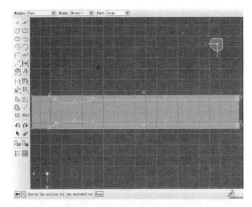

图 5-29　圈出切割区域

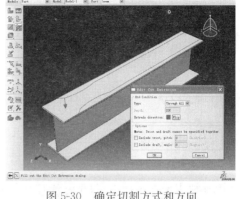

图 5-30　确定切割方式和方向

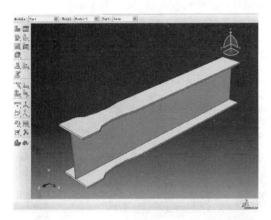

图 5-31　梁翼缘初步切割

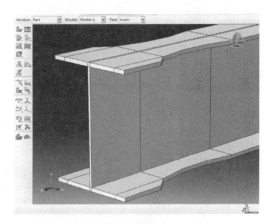

图 5-32　梁翼缘深度切割

　　接着利用 Create Cut：Extrude（ ![图标] ）工具对梁端腹板进行切割。选择如图 5-33 所示的腹板面，切割尺寸如图 5-34 所示。其中的螺栓孔用的是 Create Circle：Center and Perimeter（ ![图标] ）工具，半径为 11mm；1/4 圆弧用的是 Create Circle：Center and End-points（ ![图标] ）工具，详细尺寸参见图 5-35、图 5-36。

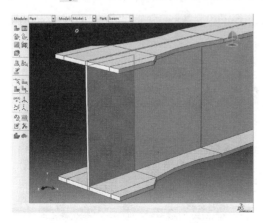

图 5-33　选择梁端腹板面

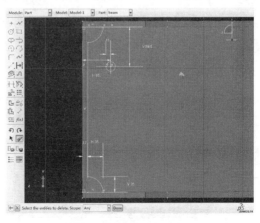

图 5-34　圈出切割区域

图 5-35　施工工艺孔坐标尺寸

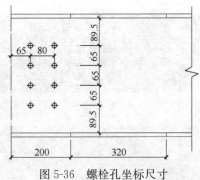

图 5-36　螺栓孔坐标尺寸

接着利用阵列工具，对图 5-34 中的圆孔进行阵列操作。在工具区找到并点击 Linear Pattern（ ），选择圆孔，点击鼠标滑轮（或提示区 Done 选项），会出现如图 5-37 所示的阵列模式对话框。在两个方向输入如图 5-38 所示的阵列尺寸数据。此处要注意圆孔分布的方向，若默认方向不符合实际需要，可点击对话框中的 Flip 选项进行调整。设置完成后点击 OK 选项。

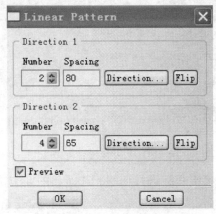

图 5-37　设置阵列参数

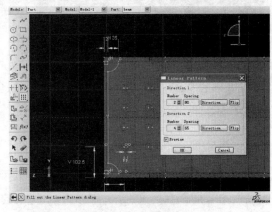

图 5-38　阵列效果

双击鼠标滑轮，完成对梁腹板的切割，如图 5-39 所示。接着用 Partition Face：Sketch（ ）和 Partition Cell：Extrude/Sweep Edges（ ）工具沿距离梁端 12mm 处将梁翼缘切开。至此梁建模完毕，如图 5-40 所示。

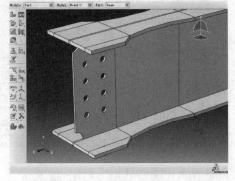

图 5-39　螺栓孔及施工工艺孔切割完成

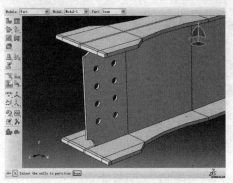

图 5-40　梁部件完成建模

5.3.3　隔板

柱内隔板，点击 Create Part（▙）命令，笔者命名"diaphragm"。Create Line Rectangle（4Lines）（▢）命令，输入（0，0），（360，360）回车，接着连续点击两次鼠标滑轮，在 Edit Base Extrusion 对话框中的 Depth 后输入 14，左击 OK 选项，即完成如图 5-41 所示的柱隔板模型。

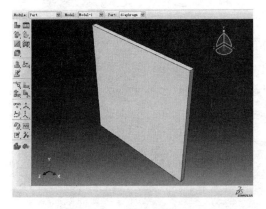

图 5-41　隔板部件完成建模

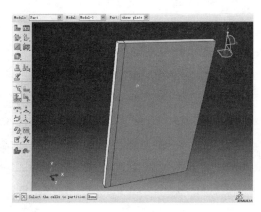

图 5-42　剪切板初步切割

5.3.4　剪切板

剪切板的建模方法同柱隔板建模，笔者命名为"shear plate"，尺寸为 300mm×200mm×12mm。

下面对剪切板进行切割。先切出一条宽 12mm 的焊缝，如图 5-42 所示。接着在剪切板上开螺栓孔，方法与梁腹板开孔相同。具体位置关系见图 5-43，竖向两排螺栓孔中心间距为 80mm，水平方向四排螺栓孔中心间距为 65mm。切割完成后的剪切板如图 5-44 所示。

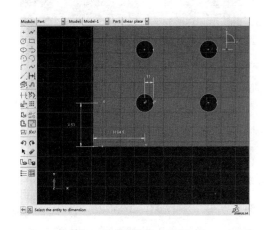

图 5-43　螺栓孔坐标尺寸

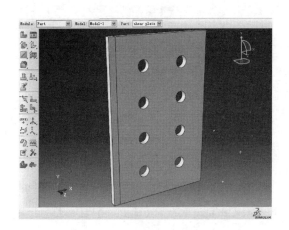

图 5-44　剪切板部件完成切割

5.3.5　螺栓

在工具区找到并点击 Create Part（ ）命令，笔者命名"bolt"。在 Type 选项中选择 Revolution，如图 5-45 所示。点击 Continue 进入画图界面，以画图网格竖向中心的虚线为对称轴画出一半螺栓中心切面图，具体尺寸参考图 5-46。

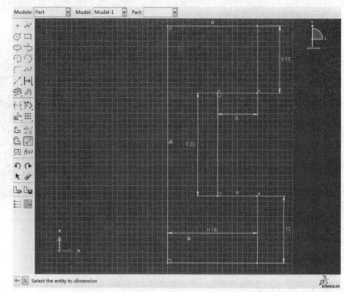

图 5-45　创建部件对话框　　　　　　　　　图 5-46　半螺栓二维草图

连续点击两次鼠标滑轮后，出现 Edit Revolution 对话框，如图 5-47 所示，在 Angle 后输入 360。点击 OK 便会出现如图 5-48 所示的界面。

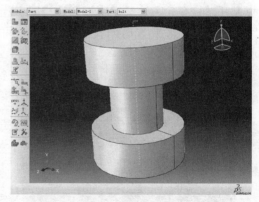

图 5-47　设置旋转角度　　　　　　　　　　图 5-48　螺栓初步建模

下面对螺栓模型进行切割。首先找两个垂直面。在工具区找到并点击 Partition Cell：Define Cutting Plane（ ）工具，提示区会出现 Point&Normal，3Points，Normal To Edge 的三个提示选项，选择 3 Points 选项，在模型上选择三个不共线的点，保证三点所确定的平面经过轴线，选中后黄色点会变为红色，双击鼠标滑轮（或一直点击提示区中的提示选项），便会出现如图 5-49 所示的界面（需要找的第一个面）。

　　找到 Create Datum Plane：Offset From Principal Plane（⬥）工具，用鼠标左键长时间点击，便会弹出一行工具选项。选中 Create Datum Plane：Rotate From Plane（🔨）工具，点击图 5-50 中所示的切面，此时工字型切面轮廓会变为红色，再按照提示选中中间黄色虚线轴，在提示区输入 90（旋转角度），点击一次鼠标滑轮便会出现垂直于已知切面的黄色矩形虚线框。

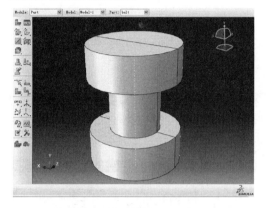

图 5-49　初步切割

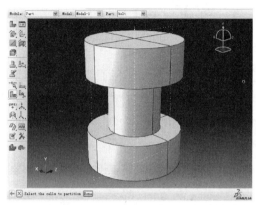

图 5-50　十字切割

　　左键长时间点击 Partition Cell：Define Cutting Plane（📦）工具，弹出一行工具选项，选择 Partition Cell：Use Datum Plane（📦）工具，选择整个螺栓，点击一次鼠标滑轮（或在提示选择 Done 选项），选择黄色虚线框，选中的线框会变红，连续点击两次鼠标滑轮便会出现如图 5-50 所示的界面。

　　左键长时间点击 Create Datum Plane：Rotate From Plane（🔨）工具，弹出一行工具选项，选择 Create Datum Plane：3Points（🔨）工具，按照提示区命令，分别点击螺栓两个变截面处的三个点确定，模型的变截面上便会出现两个黄色矩形虚线框。而后同上利用 Partition Cell：Use Datum Plane（📦）工具对变截面进行切割，如图 5-51 所示。

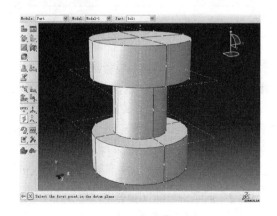

图 5-51　创建水平切割面

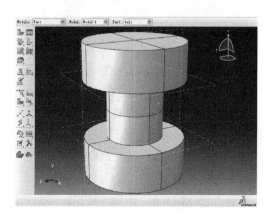

图 5-52　螺栓部件完成建模

用 Partition Cell：Define Cutting Plane（）工具，选中整个螺栓。点击一次鼠标滑轮（或在提示区左击 Done 选项），再点击提示区的 Point&Normal 命令选项，之后点击沿螺栓高度的中点，最后点击螺栓的虚线轴，便切割出一个平面，这就是我们要找的螺栓预紧面，如图 5-52 所示。

至此，所有基本模型创建完毕，转入定义 Property 阶段。

5.4 创建材料和截面属性

5.4.1 创建材料

首先定义 Q345 钢材。在环境栏中找到 Module，在其后面下拉菜单中选择 Property 选项，在工具区找到并点击 Create Material（）命令，笔者将 Name 一栏改成"Q345B"，方便之后的操作，如图 5-53 所示。

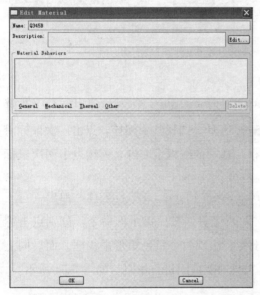

图 5-53 编辑材性对话框

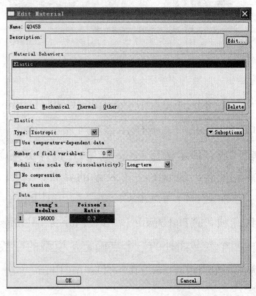

图 5-54 创建钢材弹性参数

按步骤 Mechanical→Elasticity→Elastic 选择。在 Young's Modulus（弹性模量）一栏输入 196000（所输入数据都是由材性试验得出），Poisson's Ratio（泊松比）一栏输入 0.3，如图 5-54 所示的对话框。再按步骤 Mechanical→Plasticity→Plastic 选择。找到 Hardening 下拉菜单，选择 Combined（联合硬化准则），在 Data 一栏输入如图 5-55 所示的数据，点击 OK 选项，完成钢材 Q345B 材性的定义。

在工具区找到并点击 Create Material（）命令，笔者将 Name 一栏改成"weld"，按步骤点击 Mechanical→Elasticity→Elastic。Young's Modulus（弹性模量）一栏输入 210000，Poisson's Ratio（泊松比）一栏输入 0.3。再按步骤点击 Mechanical→Plasticity →Plastic。输入如图 5-56 所示的数据，点击 OK 选项，完成焊缝材性的定义。

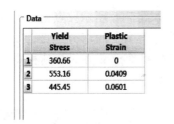

图 5-55　钢材弹塑性参数　　　　　　　　　图 5-56　焊缝弹塑性参数

在工具区找到并点击 Create Material（）工具，笔者将 Name 一栏改成"bolt"，按步骤点击 Mechanical→Elasticity→Elastic。Young's Modulus（弹性模量）一栏输入206000，Poisson's Ratio（泊松比）一栏输入 0.3，如图 5-57 所示。再点击 Mechanical →Plasticity→Plastic。输入如图 5-58 所示的数据，点击 OK 选项，完成螺栓材性的定义。

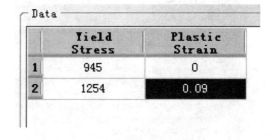

图 5-57　创建螺栓弹性参数　　　　　　　　图 5-58　螺栓弹塑性参数

5.4.2　创建截面属性

在工具区找到并点击 Create Section（⬚）工具，弹出 Create Section 对话框，笔者将 Name 一栏改成"Q345B"，其他选项默认，点击 Continue 进入 Edit Section 对话框。在 Mechanical 后的下拉菜单中选择之前定义的 Q345B 选项，点击 OK 选项。重复操作，分别定义焊缝"weld"和螺栓"bolt"的截面属性。

5.4.3　分配截面

在工具区找到并点击 Assign Section（⬚）工具，选取构件，以梁为例（可以通过环境栏中 Part 下拉菜单来选取构件）。首先圈起焊缝部分，如图 5-59 所示，点击鼠标滑轮（或点击提示区 Done 选项），弹出 Edit Section Assignment 对话框，在 Section 下拉框中选中与该构件符合的材料属性，此处输入"weld"，如图 5-60 所示。点击 OK 选项即可，这时选中的构件会变成绿色，如图 5-61 所示。接着把梁剩余的部分定义为 Q345B 的材性，即完成梁的材性定义，如图 5-62 所示。其他构件的材性定义方法与其相同，这里需要补充的是，除了焊缝和螺栓，其余的构件都是 Q345B 的材料。

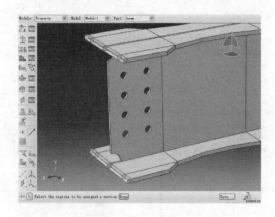

图 5-59　选择梁柱焊缝

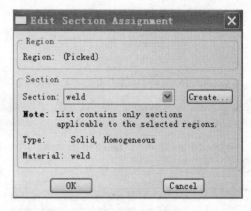

图 5-60　指派焊缝截面

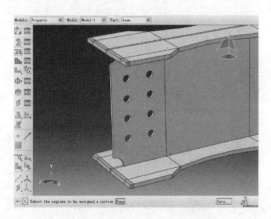

图 5-61　焊缝材性定义完成

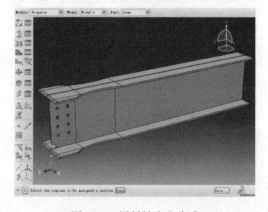

图 5-62　梁材性定义完成

5.5　定义装配件

5.5.1　装配梁、柱

找到环境栏中的 Module，点击下菜单选中 Assembly（装配）选项。在工具区找到并点击 Instance part（ ）工具，弹出 Create Instance 对话框，如图 5-63 所示。选中"beam"，同时按住 Ctrl 键（同时选择），再点击"column"，勾选 Auto-offset from other instance（自动从其他实体分离）选项，点击 OK 选项，梁和柱就放到了一起，如图 5-64 所示，然后再对它们的相对位置和角度进行调整。

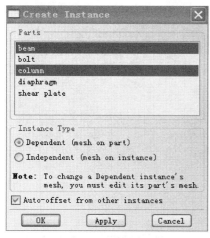

图 5-63 创建实例对话框

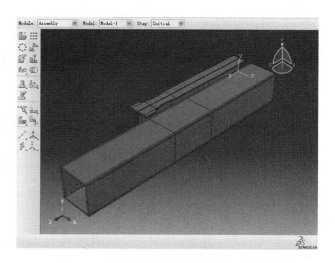

图 5-64 待组装部件

找到并点击工具区 Rotate Instance（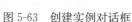）旋转工具，选中柱模型并点击鼠标滑轮（或提示区中的 Done 选项），这时在柱子上会出现黄色参考点，如图 5-65 所示。需要选中两个点，确定一条柱所要围绕旋转的轴线（保证柱旋转后与梁空间垂直），然后点击鼠标滑轮（或提示区中的 Done 选项），提示区会提示旋转的角度，默认是 90 度，直接点击鼠标滑轮即可。然后点击 OK 选项，完成柱子旋转，如图 5-66 所示。

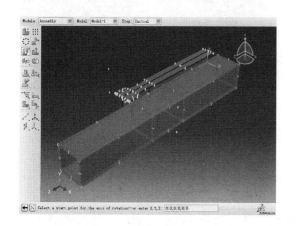

图 5-65 柱旋转操作

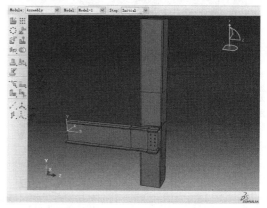

图 5-66 柱旋转完成

角度满足要求后调整相对位置，接下来是平移操作。首先找到平移参考点。在工具区中找到并点击 Create Datum Point：Midway between 2 points（ ）工具，模型会出现黄色参考点，按照如图 5-67 所示选择点，最终得到需要的定位点。操作完成后定位点可能没有出现，这是因为没有设置显示。找到标题栏中的 View 的下拉菜单，选择 Assembly Display Options 选项，再在子菜单中选择 Datum，勾选 Show datum points 项就可以了。梁上的定位点如图 5-68 所示。

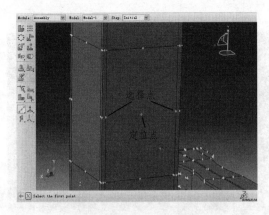

图 5-67　确定柱上定位点

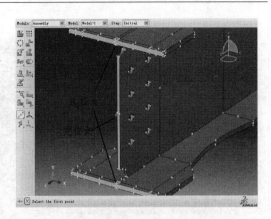

图 5-68　确定梁上定位点

在工具区找到并点击 Translate Instance（ ）工具，先选中梁模型（被移动的对象），点击鼠标滑轮（或提示区中的 Done 选项），选择平移初始点（刚才找到的梁端面上定位点），然后点击目标点（刚才找到的柱侧面上的定位点），点击鼠标滑轮（或提示区中的 OK 选项），即完成平移。梁柱组装完成后的界面如图 5-69 所示。

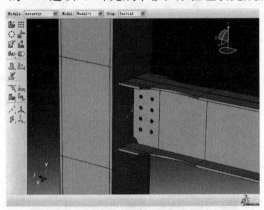

图 5-69　梁柱组装完成

图 5-70　引入柱隔板

5.5.2　装配隔板

在工具区找到并点击 Instance part（ ）工具，选择"diaphragm"，并勾选 Auto-offset from other instance 选项，点击 Apply 选项，然后再次选择"diaphragm"，点击 OK 选项，便会出现如图 5-70 所示的界面。将导入的隔板模型按照之前的方法进行 90 度旋转。

在菜单栏中找到并点击 Render Medol：Wireframe（ ）选项，只显示模型线框。

在工具区找到并点击 Create Datum Point：Project Point On Edge/Datum Axis（ ），然后按照图 5-71 所示，选择位于上翼缘中面上的点，再点击柱内框线，便会出现需要的定位点。之后利用平移工具将隔板平移至柱内，隔板的定位点是厚度边的中点。同理，将另一隔板平移至柱内，如图 5-72 所示。

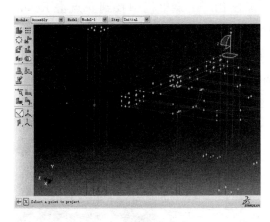

图 5-71　确定定位点

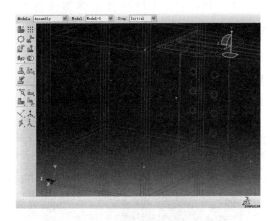

图 5-72　隔板组装完成

在菜单栏中找到并点击 Render Medol：Shaded（▢）选项恢复实体视图。

5.5.3　装配剪切板

在工具区点击 Instance part（🔧）工具，选择"shear plate"并勾选 Auto-offset from other instance，点击 OK 选项，将剪切板导入。将剪切板进行旋转，如图 5-73 所示。之后将剪切板进行平移，定位点为螺栓孔的中心点，剪切板组装完成后的模型如图 5-74 所示。

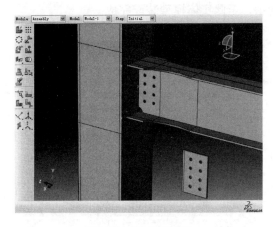

图 5-73　引入剪切板

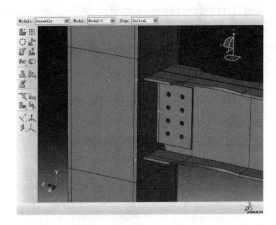

图 5-74　剪切板组装完成

5.5.4　装配螺栓

在工具区点击 Instance part（🔧）工具，选择"bolt"并勾选 Auto-offset from other instance，点击 OK 选项。先将螺栓以 Z 轴（本例题全局坐标的 Z 方向，读者比较自己的全局坐标决定转轴，目的是让螺栓放入螺栓孔）旋转 90 度。

之后进行实体平移操作，将螺栓准确放入螺栓孔。在菜单栏中找到并点击 Render Medol：Wireframe（）选项，只显示模型线框。然后进行实体平移，剪切板上的定位点为螺栓孔的中心点，螺栓上的定位点为栓杆端部圆截面中心。点击 Render Medol：Shaded（）选项恢复实体视图。平移完成后的模型如图 5-75 所示。

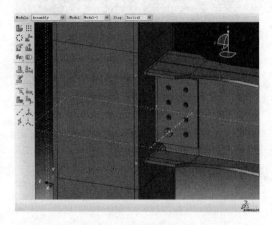

图 5-75　引入螺栓并定位

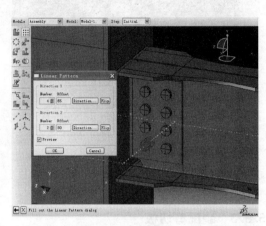

图 5-76　螺栓阵列

下面利用 Linear Pattern（）布置螺栓阵列。操作过程与切割螺栓孔类似，读者完全可以类比操作（注意排列方向的调整），横向距离 80mm，纵向距离 65mm，如图 5-76 所示，故在此不再赘言。试件一侧完成后的界面如图 5-77 所示。最后利用阵列、旋转和平移工具将梁对称到柱的另一侧，如图 5-78 所示。至此实体模型装配完成。

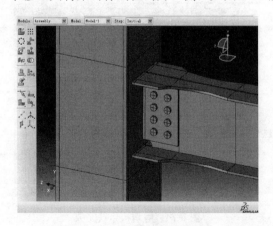

图 5-77　试件一侧组装完成

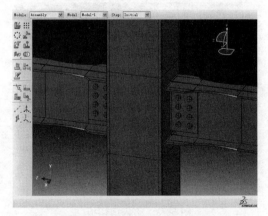

图 5-78　试件实体模型组装完成

5.6　定义分析步

找到环境栏中的 Module，下拉菜单中选择 Step 选项。

　　在工具区找到并点击 Create Step（ 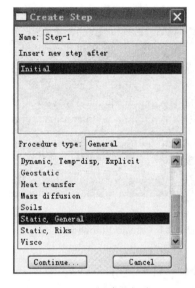　）工具，出现如图 5-79 所示的对话框。各项均为默认设置，当然也可以将 Name 改成自己需要定义的名字，以便区分每一个分析步的功能，比如"gravity"等。点击 Continue 选项，出现 Edit Step 对话框。在 Basic 下，Time period 默认为 1，把 Nlgeom 改选为"On"，如图 5-80 所示。再点击 Incrementation，Type 选项中选择 Automatic，Maximum number of incremens 中输入一个较大的数，这里设为 100000。Initial 中输入 0.1，其他均为默认值，点击 OK 选项，第一个分析步就建好了，如图 5-81 所示。一共需要建立 12 个分析步，其中从 Step-6 开始，Incrementation 下的 Initial 中的输入值适当减小，这里输入 0.05，Maximum 中改输入 0.05，如图 5-82 所示。

图 5-79　创建分析步

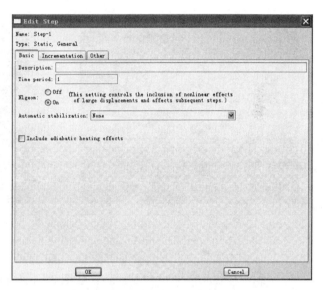

图 5-80　打开几何非线性开关

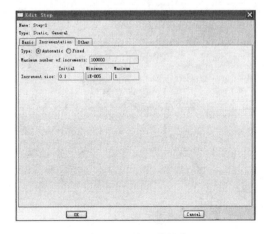

图 5-81　设置增量步

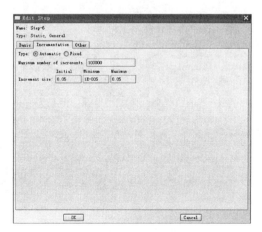

图 5-82　设置增量步

5.7　定义相互作用

找到环境栏中的 Module，点击下拉菜单选择 Interaction 选项。

5.7.1　定义接触面名称

先定义各个面的名称，方便之后的操作。步骤：标题栏→Tools→Surface→Manager →Create。

（1）Inside plane of column（柱内面）：如图 5-83 所示的红色线框部分。

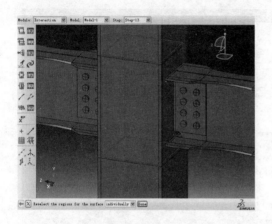

图 5-83　定义柱内面

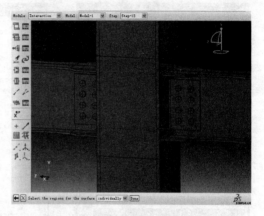

图 5-84　定义隔板外侧面

（2）Plane of diaphragm（隔板面）：如图 5-84 所示的红色线框部分。

（3）Outside plane of column（柱外侧面）：如图 5-85 所示的红色区域。

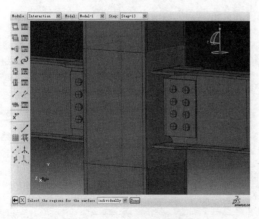

图 5-85　定义柱外侧面

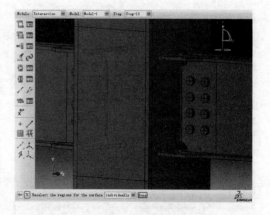

图 5-86　定义焊缝面

（4）Plane of weld line（焊缝面）：如图 5-86 所示的红色框部分。

（5）Outside plane of shear plate（剪切板外侧面）：如图 5-87 所示的红色框部分。

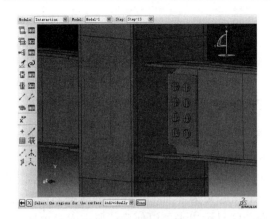
图 5-87　定义剪切板外侧面

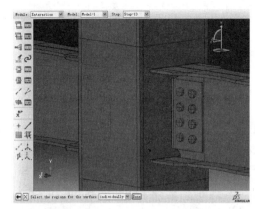
图 5-88　定义剪切板内侧面

（6）Inside plane of shear plate（栓板内侧面）：如图 5-88 所示的红色框部分。

（7）Wed-S（梁腹板与剪切板接触面）：如图 5-89 所示的红色框部分。

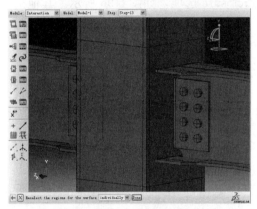
图 5-89　定义腹板一侧面

图 5-90　定义腹板另一侧面

（8）Wed-L（梁腹板与螺栓接触面）：如图 5-90 所示的红色框部分。

（9）Lateral plane of bolt-S（螺栓与剪切板接触的侧面）：如图 5-91 所示的红色框部分。

（10）Lateral plane of bolt-W（螺栓与梁腹板接触的侧面）：如图 5-92 所示的红色框部分。

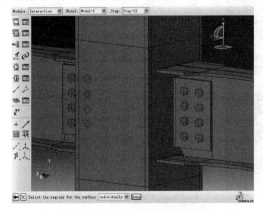
图 5-91　定义螺栓一侧面

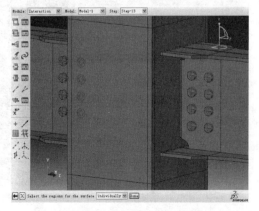
图 5-92　定义螺栓另一侧面

5.7.2 定义相互作用

下面定义相互作用关系。

（1）接触定义

在工具区找到并点击 Create Interaction（ ）工具，弹出如图 5-93 所示对话框，命名为 "Shear plate and Bolt"，Step 的下拉菜单中选择 Step-1 选项，Types for Selected Step 下选择 Surface－to－surface contact（Standard）选项。点击 Continue 选项，提示区提示选择接触主面，找到提示区右端的 Surfaces 选项，弹出 Region Selection 对话框，如图 5-94 所示。选择 Outside plane of shear plate（定义为主面），勾选对话框右下方的 Highlight selections is viewport，让所选面在视图区显示出来，以便确认所选面避免出错。接着点击 Continue 选项，在提示区选择 Surfaces 选项后，选择从面 Lateral plane of bolt-S，如图 5-95 所示。接着点击 Continue 选项，弹出 Edit Interaction 窗口，在 Slave Adjustment 选项中选择 Adjust only to remove overclosure 选项，如图 5-96 所示。其他选项默认不变。

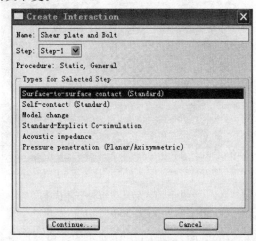

图 5-93 创建接触关系

图 5-94 选择主面

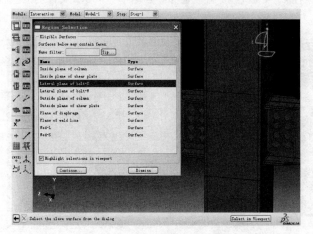

图 5-95 选择从面

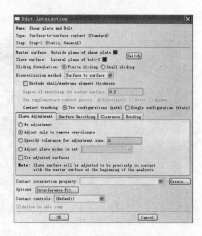

图 5-96 设置接触关系

接下来要新建 Contact Interaction Property。在 Contact Interaction Property 项后面点击 Create 选项，弹出 Create Interaction Property 窗口，如图 5-97 所示。点击 Continue 选项，便会弹出 Edit Contact Property 窗口。按次序点击 Mechanical→Tangential Behavior→Friction formulation，在 Friction formulation 后的下拉菜单中选择 Penalty 选项，Friction Coeff（摩擦系数）设为 0.45，如图 5-98 所示。之后直接点击两次 OK 选项，剪切板与螺栓的接触关系即定义完成。

图 5-97　创建接触属性

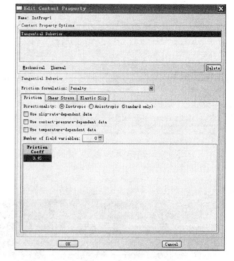

图 5-98　定义摩擦

同理可以定义：① Wed-L（主面）与 Lateral-plane-of-bolt-W（从面）的接触，笔者命名为"Web and Bolt"；

② Wed-S（主面）与 Inside-plane-of-shear-plate（从面）的接触，笔者命名为"Web and Shear plate"。

（2）绑定定义

在工具区找到并点击 Create Constraint （ ），弹出 Create Constraint 窗口，Name 栏后笔者命名为"Column and Diaphragm"，如图 5-99 所示。默认选择 Tie 选项后点击 Continue 选项，选择 Inside-plane-of-column 面为主面，Plane-of-diaphragm 面为从面。操作完成后会弹出 Edit Constraint 窗口，Discretization method 的下拉菜单选择 Surface to surface 选项，如图 5-100 所示的对话框。直接点击 OK 选项即完成一项绑定定义。

同理定义：Outside-plane-of-column（主面）与 Plane-of-weld-line（从面），命名为"Column and Beam"。

下面定义耦合点。用 Create Datum Point：Midway between 2 points（ ）找到远离柱的梁端截面的中心点，后在主菜单栏 Tools 下拉菜单中选择 Reference point 选项，分别选择上述两个截面中心点，则定义了两个参考点 RP-1 和 RP-2，如图 5-101 所示。

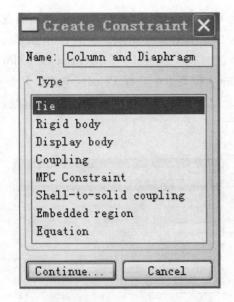

图 5-99 创建绑定约束对话框

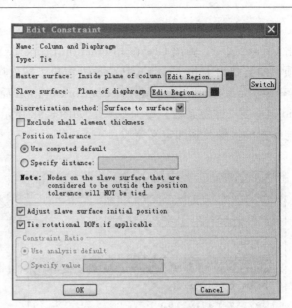

图 5-100 设置绑定约束

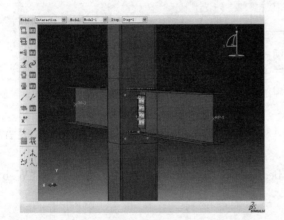

图 5-101 定义参考点

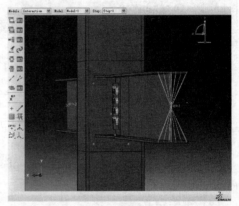

图 5-102 定义点面耦合

在工具区找到并点击 Create Constraint（◀），弹出 Create Constraint 窗口，Name 栏后笔者命名为"Coupling-1"。选择 Coupling（耦合）选项，点击 Continue 选项后按照提示区的要求，先选中点 RP-1，之后左击提示区中的 Surface（或点击鼠标滑轮），再选中 RP-1 所在的梁截面，点击鼠标滑轮（或点击提示区中的 Done 选项），弹出 Edit Constraint 对话框，点击 OK 选项，即完成耦合定义，如图 5-102 所示。同理定义另一端的"Coupling-2"。

5.8 定义边界条件和荷载

找到环境栏中的 Module，点击下拉菜单选择 Load 选项，定义边界条件和荷载。

5.8.1　施加荷载

在工具区找到并点击 Create Load（），进入 Create Load 对话框。Name 栏后笔者命名为 "column-top"，Step 的下拉菜单选择 Step-4，Category 默认选择 Mechanical 选项，Types for Selected Step 菜单中选择 Pressure 选项，如图 5-103 所示。点击 Continue 选项，选择柱子顶部截面，如图 5-104 所示，而后进入 Edit Load 对话框。在 Magnitude 栏后输入 59，如图 5-105 所示，设置完后点击 OK 选项。

图 5-103　创建荷载对话框

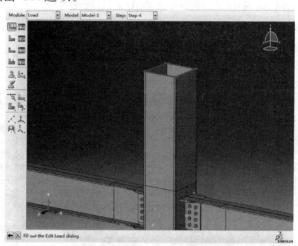

图 5-104　选择荷载作用面

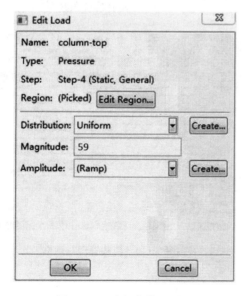

图 5-105　编辑荷载对话框

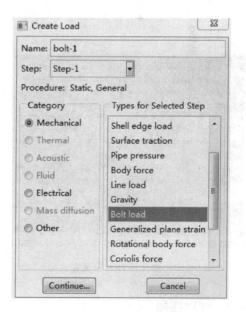

图 5-106　定义螺栓预紧力

下面定义螺栓预紧力。点击 Create Load（），出现 Create Load 对话框，Name 栏笔者命名为 "bolt-1"。Step 的下拉菜单中选择 Step-1，选择 Bolt load，如图 5-106 所示，

点击 Continue，利用工具栏中的 Replace Selected（）工具单独显示螺栓，选择如图 5-107 所示的红面（此为预紧面，在这个面上施加螺栓预紧力），接着点击提示区的 Done 选项，选择提示区中的 Purple 选项，如图 5-108 所示。再点击螺栓的中轴线（若中轴线未显示，则可以按以下步骤调出：View→Assembly Display Options→Datum→Show datum axes），出现 Edit Load 对话框，在 Magnitude 中输入 10，点击 OK 选项。在工具区找到并点击 Load Manager（），鼠标左键双击 Step-2 下的 Propagated，在出现的对话框中 Magnitude 中输入 155000，点击 OK 选项后 Propagated 即变为 Modified；鼠标左键双击 Step-3 下的 Propagated，在 Method 的下拉菜单中选择 Fix at current length，点击 OK 选项即完成一个螺栓施加预紧力。其余的 15 个螺栓如法炮制。定义完成后如图 5-109、图 5-110 所示。

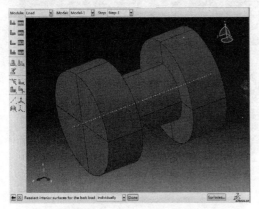

图 5-107　找到螺栓预紧面

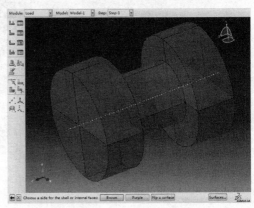

图 5-108　选择螺栓预紧面

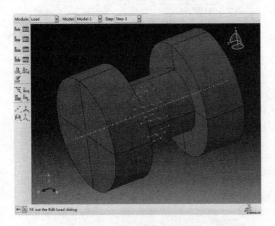

图 5-109　螺栓预紧力定义完成

图 5-110　荷载管理对话框

5.8.2　创建振幅

按照顺序找到并点击 Tools→Amplitude→Create，出现如图 5-111 所示的对话框。点击 Continue 选项，按如图 5-112 所示在 Edit Amplitude 对话框中输入数据，点击 OK 选项完成振幅创建。

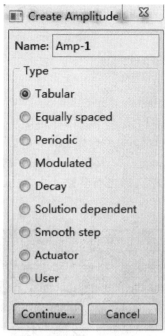

图 5-111 创建加载曲线

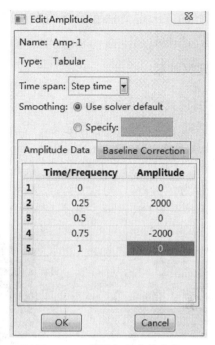

图 5-112 设置加载曲线参数

5.8.3 定义边界条件

在工具区找到并点击 Create Boundary Condition （ ），进入 Create Boundary Condition 对话框。Name 一栏笔者定义为"column-top"，Step 的下拉菜单中选择 Initial，Category 选项默认不变，Types for Selected Step 选项中选择 Displacement/Rotation，点击 Continue 选项后选择柱子顶面，再点击鼠标滑轮（或在提示区选择 Done 选项），勾选 U1 和 U3，约束两个水平方向，如图 5-113 所示。点击 OK 选项，完成后如图 5-114 所示。

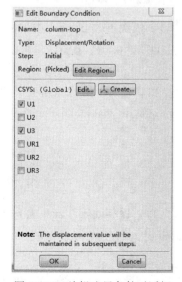

图 5-113 编辑边界条件对话框

图 5-114 柱顶铰接约束

用同样的方法定义柱底铰接约束，笔者定义为"column-buttom"，勾选 U1、U2、U3，约束三个位移方向。

5.8.4 定义加载

在工具区找到并点击 Create Boundary Condition（ ），进入 Create Boundary Condition 对话框。Name 一栏笔者定义为"place-1"，Step 的下拉菜单中选择 step-4，Category 选项默认不变，Types for Selected Step 选项中选择 Displacement/Rotation，点击 Continue 选项后选择梁端 RP-1 参考点。在提示区选择 Done 选项（或直接点击鼠标滑轮），勾选 U2 设置为 0.00375，勾选 U3，设置为 0，幅值选项中选择之前设置过的 Amp-1，如图 5-115 所示。点击 OK 选项，完成后如图 5-116 所示。

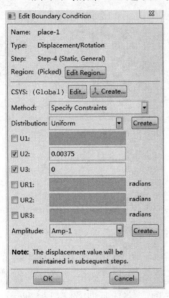
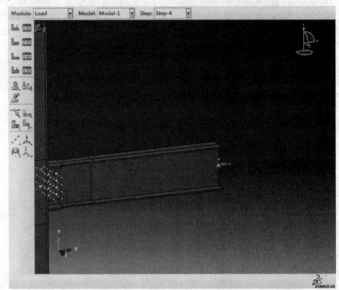

图 5-115 定义位移加载   图 5-116 位移加载定义完成

在工具区找到并点击 Boundary Condition Manager（ ），依次更改 place-1 中 step5 ～step12 的 Propagated，把 U2 的值依次改为 0.005，0.0075，0.01，0.015，0.02，0.03，0.04，0.05。

用同样的方式设置 place-2，选择 RP-2 的参考点，在设置和修改 U2 值时在所有转角值前加一个负号（与 place-1 方向相反），即 −0.00375，−0.005，−0.0075，−0.01，−0.015，−0.02，−0.03，−0.04，−0.05。

5.9 划分网格

找到环境栏中的 Module，点击下拉菜单选择 Mesh 选项，开始划分网格。在工具栏中找到 Object，在其后点击 Part 前的圆点切换到单个实体编辑模式。

1. 梁网格划分

在 Part 的下拉菜单中选择"beam"，在工具区找到并点击 Seed Part（ ），进入

Global Seeds 的设置对话框，设置全局种子。在 Approximate global size 后设置 24，其他均为默认，界面如图 5-117 所示。点击 Apply 选项即可。

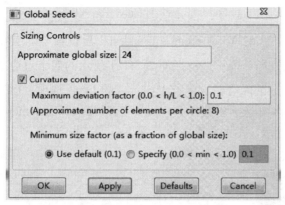

图 5-117　布置全局网格种子　　　　图 5-118　布置局部网格种子

点击 Seed Edges（），选择各板件的厚度边，按照图 5-118 沿板厚度方向设置局部种子，将板件厚度划分为大于 1 层网格。设置完成后在工具区点击 Mesh Part（　　），划分网格，如图 5-119 所示。

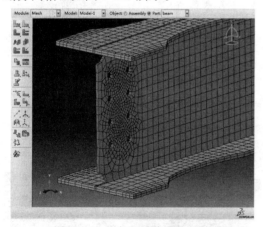

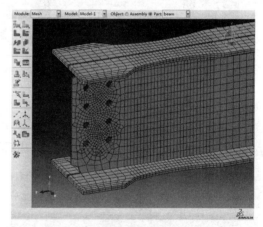

图 5-119　沿钢板厚度网格划分　　　　图 5-120　削弱位置网格局部加密

之后用 Seed Edges（　　）工具把削弱区网格加密，Approximate element size 后的值改为 12，点击 Apply 选项，点击鼠标滑轮（或点击提示区的 Done 选项），梁的网格即设置完成，如图 5-120 所示。检查网格划分质量可按照以下步骤操作：工具区 Verify Mesh（　　）→选取整个 Part→点击鼠标滑轮（或点击提示区的 Done 选项）→Analysis Checks→Highlight，若发现错误或警告（Analysis errors 或 Analysis warnings），如果出现粉色的网格，说明网格是划分错误的网格；如果出现黄色的网格，这些网格划分得不是很好。前一种情况需要通过调整局部网格大小和网格类型进行网格优化以提高计算精度，后一种情况则建议通过调整局部网格大小和网格类型进行网格优化以提高计算精度。

2. 螺栓网格划分

在 Part 的下拉菜单中选择"bolt"，按照梁划分网格的方法进行划分。设置全局种子的近似单元大小为 5，检查网格后完成螺栓网格划分。

3. 柱子网格划分

在 Part 的下拉菜单中选择"column"，在工具区找到并点击 Seed Part（ ），进入 Global Seeds 的设置对话框，设置全局种子。在 Approximate global size 后设置 50，其他均为默认。点击 Seed Edges（ ），设置局部种子。选择如图 5-121 所示的四个短边及其邻边（按住 Shift 同时选择），选好后点击鼠标滑轮（或点击提示区的 Done 选项）后进入 Local Seeds 的对话框。在 Basic 下 Method 选项中选择 By size，把 Number of elements 后的数值调整为大于 1，界面如图 5-122 所示，点击 OK 选项。

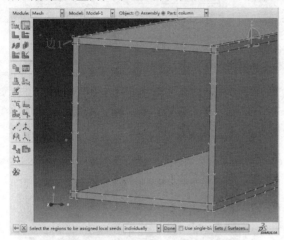

图 5-121 沿钢板厚度网格划分 图 5-122 设置局部种子

点击 Seed Edges（ ），设置局部种子。对柱子与梁连接的区段进行网格加密，Approximate element size 设置为 25，检查完成后柱子的网格划分完成，如图 5-123 所示。

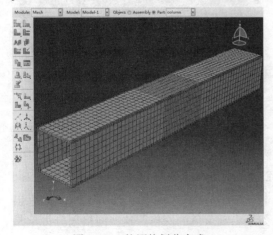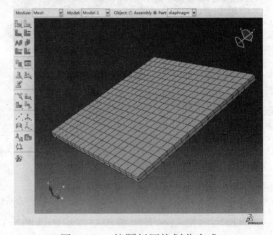

图 5-123 柱网格划分完成 图 5-124 柱隔板网格划分完成

4. 隔板网格划分

在 Part 的下拉菜单中选择"diaphragm"。Approximate global size 设置为 30，沿厚度

方向划分 2 层网格，操作完成后如图 5-124 所示。

5. 剪切板网格划分

在 Part 的下拉菜单中选择 "shear plate"。具体操作和设置与隔板网格的划分相同，全局网格尺寸设定为 15，厚度方向划分 2 层网格，与隔板网格设定不同的是，需要把网格类型设置为如图 5-125 所示的类型。点击 Assign Mesh Control（）在 Mesh Controls 对话框中，Element Shape 下选择 Hex，Technique 下选择 Sweep，Algorithm 下选择 Medial axis，使网格变得规整，以提高计算精度。设置检查完成后，如图 5-126 所示。

图 5-125　网格控制对话框

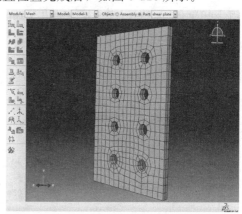

图 5-126　剪切板网格划分完成

至此，所有 Part 的网格划分完成，可以点击环境栏 Object 后的 Assembly，检查整体构件的网格划分，如图 5-127 所示。

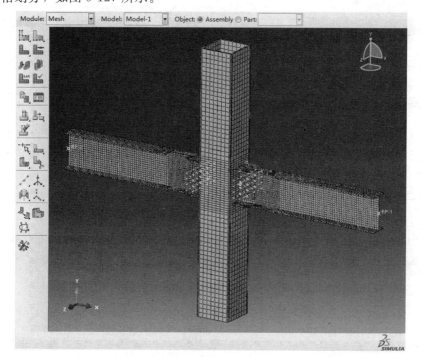

图 5-127　试件网格划分完成

5.10　提交分析作业

找到环境栏中的 Module，点击下拉菜单选择的 Job 选项。

5.10.1　创建分析作业

点击工具区的 Job Manager（ ![icon] ），点击 Create，弹出 Create Job 对话框，笔者将 Job 命名"SPC1-1"。接着点击 Continue 选项，进入 Edit Job 对话框，Parallelization 下勾选 Use multiple processors，其后笔者改为 20（注：这里是并核计算的核数，用的核数越多计算相对越快，此处要读者根据自己所用计算机配置合理设置），如图 5-128 所示，其他参数保持默认值不变。点击 OK 选项后 Job 即建立完成，如图 5-129 所示。

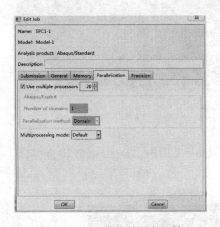

图 5-128　开启多核并行运算

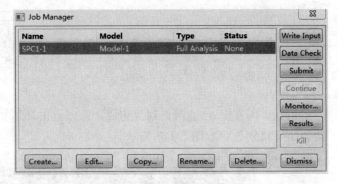

图 5-129　作业管理对话框

5.10.2　提交分析

在如图 5-129 所示的界面时，可以先点击右侧的"Data Check"来检查数据，没有错误后再提交（Submit），提交后可以看到对话框中的状态（Status）提示由"Submitted"变为"Running"，最终显示为完成（Completed）。这个过程中可以通过监视器（Monitor）来查看计算过程，包括这其中出现的错误（Errors）、警告（Warnings）以及写入输出数据库中的信息（Output）等。数据检查成功提交后如图 5-130 所示。

如果 Status 提示变为 Abored，则表明分析失败，模型存在问题，需在 Errors 里查看错误信息并据此修改模型。

5.11　后处理

计算完成后，点击如图 5-129 所示对话框中的 Results 选项，便会进入可视化（Visualization）模块。

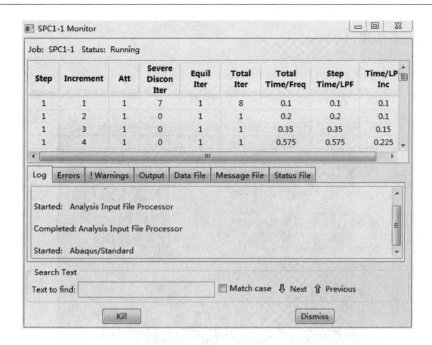

图 5-130　作业监视器

5.11.1　显示变形图

点击工具区中的 Plot Deformed Shape（▦）选项，绘图区会出现变形后的模型，如图 5-131 所示。

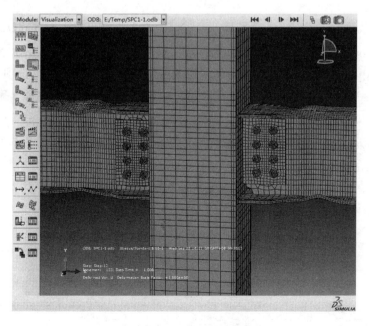

图 5-131　试件模型变形

5.11.2　显示云纹图

点击工具区中的 Plot Contours on Deformed Shape（ ）选项，显示出最后一个分析步结束时的 Mises 应力云纹图，如图 5-132 所示。

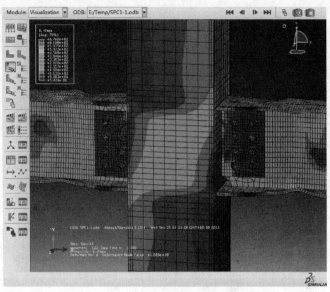

图 5-132　试件 Mises 应力云纹图

5.11.3　坐标形式显示应力、位移随时间的变化情况

在工具区找到并点击 Create XY Data（ ）选项，弹出 Create XY Data 对话框，选择 ODB Field output 选项，如图 5-133 所示。点击 Continue 选项，弹出 XY Data from ODB Field output 对话框，Position 后的下拉菜单中选择 Unique Nodal 选项，如图 5-134

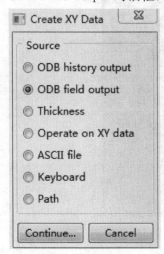

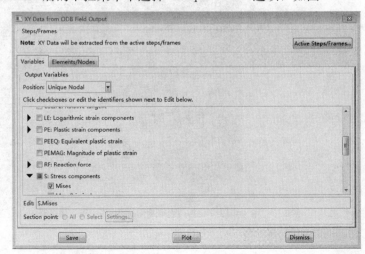

图 5-133　创建 XY 数据　　　　　　　　　图 5-134　设置所需场输出数据

所示。展开变量列表中的 S：Stress components，选中 Mises，也可以在 Edit 键入 S. Mises 后回车。在 Elements/Nodes 选项卡页面内，单击 Edit Selection 选项，在视图区中选取一点（本例选择了柱子节点域的一点），点击鼠标滚轮后，如图 5-135 所示。之后点击 Plot 键，结果如图 5-136 所示。

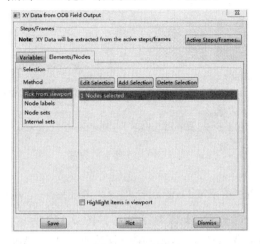

图 5-135　选择输出点

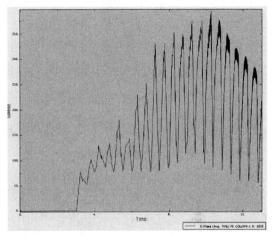

图 5-136　Mises 应力曲线

　　下面绘制加载点的滞回曲线。点击 Create XY Data（）命令，弹出 Create XY Date 对话框，选择 ODB field output 选项，点击 Continue，弹出 XY Date form ODB Field Output 对话框，在 Position 下拉菜单中选择 Unique Nodal，点击 RF：Reaction force 旁边的三角形，选中 RF2，点击 U：Spatial displacement 旁边的三角形，选中 U2（位移加载方向），如图 5-137 所示。接着点击 Elements/Nodes，Method 下选择 Node sets 选项，选择 ASSEMBLY CONSTRAINT－1 REFERNCE POINT，如图 5-138 所示。最后点击对话框下面的 Plot 选项。数据输入需要一些时间，完成后如图 5-139 所示，这是参考点 1 关于时间的位移反力曲线。

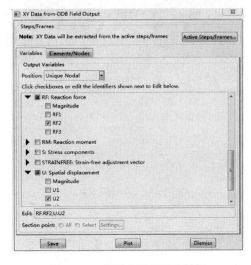

图 5-137　设置所需场输出数据

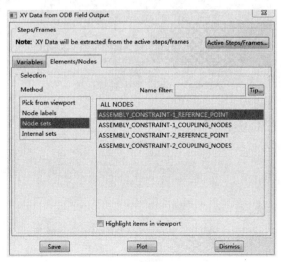

图 5-138　选择输出点

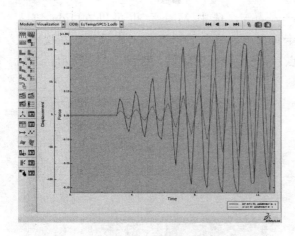

图 5-139 初始输出曲线

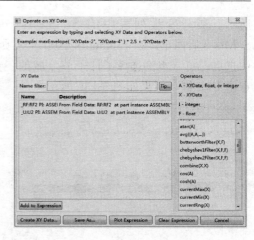

图 5-140 处理 XY 数据

点击 Create XY Data（）命令，弹出 Create XY Date 对话框，选择 Operate on XY data 选项，点击 Continue 选项，弹出 Operate on XY data 对话框，如图 5-140 所示。在 Operators 中选择 combine（X，X）函数，然后先选中 XY data 中位移数据，点击 Add to Expression 添加入函数；再选择反力数据，点击 Add to Expression 加入函数，如图 5-141所示。最后点击 Plot Expression，生成滞回曲线，如图 5-142 所示。

图 5-141 combine 数据处理选项

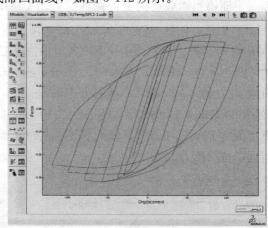

图 5-142 力-位移滞回曲线

参 考 文 献

[1] 刘其祥. 多高层房屋钢结构节点连接设计中的常见问题. 北京：中国建筑标准设计研究院，2007.

[2] 郁有升. 钢框架梁翼缘削弱型节点的试验研究及理论分析[D]. 西安：西安建筑科技大学，2008.

[3] Chia-Ming Uang，Duane Bondad，Cheol-Ho Lee. Cyclic performance of haunch repaired steel moment connections：experimental testing and analytical modeling[J]. Engineering Structures, 1998, 20(4-6)：552-561.

[4] Cheol-Ho Lee，Jong-Hyun Jung，Myoung-Ho Oh，En-Sook Koo. Cyclic seismic testing of steel moment connections reinforced with welded straight haunch[J]. Engineering Structures , 2003, 25：1743-1753.

[5] Cheng-Chih Chen，Chun-Chou Lin，Chia-Liang Tsai. Evaluation of reinforced connections between steel beams and box columns[J]. Engineering Structures , 2004, 26：1889-1904.

[6] A. DEYLAMI，A. R. TOLOUKIAN. Effect of Geometry of Vertical Rib Plate on Cyclic Behavior of Steel Beam to Built-up Box Column Moment Connection[J]. Procedia Engineering, 2011, 14：3010-3018.

[7] Christopher D. Stoakes，Larry A. Fahnestock. P. E.，M. ASCE Cyclic Flexural Testing of Concentrically Braced Frame Beam-Column Connections[J]. Journal Of Structural Engineering , 2011, 137：739-747 .

[8] Cheol-Ho Lee，Jong-Hyun Jung，Myoung-Ho Oh，En-Sook Koo. Experimental Study of Cyclic Seismic Behavior of Steel Moment Connections Reinforced with Ribs[J]. Journal of Structural Engineering, 2005. 1, 131(1)：108-118.

[9] T. A. S. Whittaker, M. ASCE; A. S. J. Gilani, M. ASCE; V. V. Bertero, M. ASCE; S. M. Takhirov, A. M. ASCE. Experimental Evaluation of Plate-Reinforced Steel Moment-Resisting Connections [J]. Journal of Structural Engineering, 2002, 128(4).

[10] Stephen P. Schneider, Itthinun Teeraparbwong. Inelastic Behavior of Bolted Flange Plate Connections [J]. Journal of Structural Engineering, 2002. 4, 128(4)：492-500 .

[11] 周中哲，吴家庆. 削切钢盖板梁柱接头设计与耐震行为[J]. 建筑钢结构进展，2008.4, 10(2)：11-18.

[12] A. DEYLAMI , M. GHOLIPOUR, Modification of Moment Connection of I-Beam to Double-I Built-Up Column by Reinforcing Column Cover Plate[J]. Procedia Engineering, 2011, 14：3252-3259.

[13] M. Gholami, A. Deylami, M. Tehranizadeh. Seismic performance of flange plate connections between steel beams and box columns[J]. Journal of Constructional Steel Research, 2013, 84：36-48.

[14] Cheng-Chih Chen, Chun-Chou Lin, Chieh-Hsiang Lin. Ductile moment connections used in steel column-tree moment-resisting[J]. Journal of Constructional Steel Research, 2006, 62：793-801.

[15] Cheng-Chih Chen, Chun-Chou Lin. Seismic performance of steel beam-to-column moment connections with tapered beam flanges[J]. Engineering Structures, 2013, 48：588-601.

[16] Cheng Fang, Michael C. H. Yam, Angus C. C. Lam, Langkun Xie. Cyclic performance of extended end-plate connections equipped with shape memory alloy bolts[J]. Journal of Constructional Steel Re-

search，2014，94：122-136.

[17] Seyed Rasoul Mirghaderi，Shahabeddin Torabian，Farhad Keshavarzi. I-beam to box-column connection by a vertical plate passing through the column[J]. Engineering Structures，2010，32：2034-2048.

[18] Shahabeddin Torabian，Seyed Rasoul Mirghaderi，Farhad Keshavarzi. Moment-connection between I-beam and built-up square column by a diagonal through plate[J]. Journal of Constructional Steel Research，2012，70：385-401.

[19] Chung-Che Chou，Sheng-Wei Lo，Gin-Show Liou. Internal flange stiffened moment connections with low-damage capability under seismic loading[J]. Journal of Constructional Steel Research，2013，87：38-47.

[20] Luís Calado，Jorge M. Proença，Miguel Espinha，Carlo A. Castiglioni. Hysteretic behaviour of dissipative bolted fuses for earthquake resistant steel frames[J]. Journal of Constructional Steel Research，2013，85：151/162.

[21] 陈诚直，李智民. 钢构造扩翼接头之耐震行为[J]. 建筑钢结构进展. 2007，9(5)

[22] 陈诚直，林群洲. 扇形焊接开孔于钢骨梁柱接头耐震行为之影响[J]. 建筑钢结构进展. 2005，7(5).

[23] 陈诚直，蔡岳勋. 未补强焊接梁柱接头之应用于箱形柱[J]. 2012，45(2)

[24] 周中哲，吴家庆. 钢造削切盖板梁柱接头之耐震行为[J]. 建筑钢结构进展. 2008，10(4).

[25] 周中哲，饶智凯. 钢结构梁柱梁翼内侧加劲板补强接头耐震试验及有限元素分析[J]. 建筑钢结构进展，2010，12(1).

[26] Changbin Joh and Wai-Fah Chen，Honorary Member，ASCE. Fracture Strength Of Welded Flange-Bolted Web Connections[J]. Journal of Structural Engineering(1999).

[27] Andre Filiatrault，Robert Tremblay，Ramapada Kar. Performance Evaluation Of Friction Spring Seismic Damper [J]. Journal Of Structural Engineering(2000).

[28] Judy Liu，Abolhassan Astaneh-Asl. Cyclic Testing Of Simple Connections Including Effects Of Slab [J]. Journal Of Structural Engineering(2000).

[29] Scott A. Civjan，Michael D. Engelhardt，and John L. Gross，Members，ASCE. Retrofit Of Pre-NorthridgeMoment-Resisting Connections[J]. Journal Of Structural Engineering(2000).

[30] Bruce F. Maison，Clinton O. Rex，Stanley D. Lindsey，Kazuhiko Kasai. Performance Of Pr Moment FrameBuildings In Ubc Seismic Zones [J]. Journal Of Structural Engineering(2000).

[31] Qi-Song Kent Yu，Chia-Ming Uang，John Gross. Seismic Rehabilitation Design Of Steel Moment ConnectionWith Welded Haunch[J]. Journal Of Structural Engineering(2000).

[32] Sheng-Jin Chen，C. H. Yeh，J. M. Chu. Ductile Steel Beam-to-Column Connections for Seismic Resistance[J]. Journal of Structural Engineering，1996，122(11)：1292-1299.

[33] Chia-Ming Uang，Qi-Song Kent Yu，Shane Noel and John Gross. Cyclic Testing Of Steel Moment Connections Rehabilitated With Rbs Or Welded Haunch [J]. Journal Of Structural Engi- neering，2000，126(1).

[34] Scott L. Jones，Gary T. Fry，Michael D. Engelhardt. Experimental Evaluation of Cyclically Loaded Reduced Beam Section Moment Connections[J]. Journal of Structural Engineering，2002.4，4(128)：441-451.

[35] Chad S. Gilton，Chia-Ming Uang. Cyclic Response and Design Recommendations of Weak-AxisReduced Beam Section Moment Connections[J]. Journal of Structural Engineering，2002.4，4(128)：452-463.

[36] Brandon Chi, Chia-Ming Uang. Cyclic Response and Design Recommendations of Reduced Beam Section Moment Connections with Deep Columns[J]. Journal of Structural Engineering, 2002.4, 4 (128): 464-473.

[37] Sheng-Jin Chen, Chin-Te Tu. Experimental Study of Jumbo Size Reduced Beam Section Connections Using High-Strength Steel[J]. Journal Of Structural Engineering. ASCE(2004).

[38] Jun Jin, Sherif El-Tawil. Seismic performance of steel frames with reduced beam section connections [J]. Journal of Constructional Steel Research. 2005, 61 : 453-471.

[39] Xiaofeng Zhang, A. M. ASCE, James M. Ricles, M. ASCE. Experimental Evaluation of Reduced Beam Section Connections to Deep Columns[J]. Journal Of Structural Engineering , ASCE(2006).

[40] James M. Ricles, Xiaofeng Zhang. Seismic Performance of Reduced Beam Section Moment Connections to Deep Columns[J], Structures(2006).

[41] Xiaofeng Zhang, James M. Ricles, M. ASCE. Seismic Behavior of Reduced Beam Section Moment Connections to Deep Columns[J]. Journal Of Structural Engineering, ASCE(2006).

[42] Cheol-Ho Lee, Jae-Hoon Kim. Seismic design of reduced beam section steel moment connections with bolted web attachment[J]. Journal of Constructional Steel Research, 2007, 63: 522-531.

[43] Cheol-Ho Lee, Samuel W. Chung. A simplified analytical story drift evaluation of steel moment frames with radius-cut reduced beam section[J]. Journal of Constructional Steel Research, 2007, 63: 564-570.

[44] Kee-Dong Kim, Michael D. Engelhardt. Nonprismatic Beam Element for Beams with RBS Connections in Steel Moment Frames[J]. Journal of Structural Engineering, 2007.2, 133 (2): 176 184.

[45] D. T. Pachoumis, E. G. Galoussis, C. N. Kalfas, A. D. Christitsas. Reduced beam section moment connections subjected to cyclic loading: Experimental analysis and FEM simulation[J]. Engineering Structures, 2009, 31: 216-223.

[46] D. T. Pachoumis, E. G. Galoussis, C. N. Kalfas, I. Z. Efthimiou. Cyclic performance of steel moment resisting connections with reduced beam sections experimental analysis and finite element model simulation[J]. Engineering Structures , 2010, 32: 2683-2692.

[47] Sang-WhanHan, Ki-Hoon Moon , Bozidar Stojadinovic. Design equations for moment strength of RBS-B connections[J]. Journal of Constructional Steel Research, 2009, 65: 1087-1095.

[48] Yousef Ashrafi, Behzad Rafezy, W. Paul Howson. Evaluation of the Performance of Reduced Beam Section (RBS) Connections in Steel Moment Frames Subjected to Cyclic Loading[C]. World Congress on Engineering, 2009.7 , London, U. K.

[49] Chia-Ming Uang, Chao-Chin Fan. Cyclic Stability Criteria For Steel Moment Connections With Reduced Beam Section[J]. Journal of Structural Engineering, 2009.9, 9(127): 1021-1027.

[50] Dimitrios G. Lignos, Dimitrios Kolios, Eduardo Miranda. Fragility Assessment of Reduced Beam Section Moment Connections [J]. Journal of Structural Engineering, 2010.

[51] Se Woon Choi, Hyo Seon Park. A study on the minimum column-to-beam moment ratio of steel moment resisting frame with various connection models[C]. Structures Congress, 2011: 3008-3017.

[52] Sang Whan Han , Ki-Hoon Moon , Seong-Hoon Hwang , Bozidar Stojadinovic . Rotation capacities of reduced beam section with bolted web (RBS-B) connections[J]. Journal of Constructional Steel Research, 2012, 70: 256-263.

[53] Yasser Khodair, Ahmed Ibrahim. Behavior of Reduced Beam Section Moment Connections under Fire [C]. Structures Congress , 2012: 2301-2305.

[54] Mehrdad Memari, Collin Turbert, Hussam Mahmoud. Effects of Fire Following Earthquakes on

Steel Frames with Reduced Beam Sections[C]. Structures Congress，2013：2555-2565.

[55] Deylami，A. MoslehiTabar. Promotion of cyclic behavior of reduced beam section connections restraining beam web to local buckling[J]. Thin-Walled Structures，2013，73：112-120.

[56] Huang Yuan, Yi Weijian, Zhang Ru, Xu Ming. Behavior and design modification of RBS moment connections with composite beams[J]. Engineering Structures 2013，59：39-48.

[57] Feng-Xiang Li, Iori Kanao, Jun Li, Kiyotaka Morisako. Local Buckling of RBS Beams Subjected to Cyclic Loading [J]. Journal of Structural Engineering，2009，135(12).

[58] Ali Imanpour, Rasoul Mirghaderi, Farhad Keshavarzi, Bardia Khafaf. Numerical Evaluation of New Reduced Beam Section Moment Connection[C]. Structures Congress，2008.

[59] Yousef Ashrafi, Behzad Rafezy，M. ASCE. Elastic Stiffness Comparisons between RBS Beams with Either Flange or Web Reductions[J]. Journal of Structural Engineering，2012.7，138(7)：961-966.

[60] Farzad Naeim，Kan Patel, Kai-Chen Tu. A New Rigid Connection for Heavy Beams and Columns in Steel Moment Resisting Frames[J]. Structural Engineering，2001.

[61] J. A. Zepeda，A. M. Itani，R. Sahai. Cyclic behavior of steel moment frame connections under varying axial load and lateral displacements[J]. Journal of Constructional Steel Res- earch，2003.

[62] Cheol-Ho Lee，M. ASCE，Jong-Hyun Jung，Myoung-Ho Oh，En-Sook Koo. Experimental Study of Cyclic Seismic Behavior of Steel Moment Connections Reinforced with Ribs[J]. Structural Engineering，2005.

[63] Shervin Malek，Maryam Tabbakhha. Numerical study of Slotted-Web Reduced -Flange moment connection[J]. Journal of Constructional Steel Research，2012，69：131：1-7.

[64] 中华人民共和国国家标准．建筑抗震设计规范（GB 50011—2010）．北京：中国建筑工业出版社，2010.

[65] 中国建筑标准设计研究院．01SG519 多、高层民用建筑钢结构节点构造详图[S]．北京：中国建筑工业出版社，2001。

[66] Recommended Seismic Design Criteria for New Steel Moment-Frame Buildings[S] FEMA350/ JULY 2000.

[67] 顾强．钢结构滞回性能及抗震设计[M]．北京：中国建筑工业出版社，2009

[68] 中华人民共和国国家标准．GB/T 228—2002 金属材料拉伸试验方法[S]．北京：中国标准出版社，2002.

[69] 姚谦峰、陈平．土木工程结构试验[M]．北京：中国建筑工业出版社，2004

[70] 石亦平，周玉蓉．ABAQUS 有限元分析实例详解[M]．北京：机械工业出版社，2008

[71] 曹金凤，石亦平．ABAQUS 有限元分析常见问题解答[M]．北京：机械工业出版社，2010

[72] 庄苗，由小川，廖剑辉，岑松，沈新普，梁明刚．基于 ABAQUS 的有限元分析和应用[M]．北京：清华大学出版社，2009.

[73] 陈绍蕃，顾强．钢结构（上册）[M]．北京：中国建筑工业出版社，2003.

[74] 宋振森．刚性钢框架梁柱连接在地震作用下的累积损伤破坏机理及抗震设计对策[D]．西安：西安建筑科技大学，2001.

[75] 中华人民共和国国家标准．钢结构用大六角头螺栓、大六角螺母、垫圈技术条件（GB/T 1231—91）．北京：中国标准出版社，1991.

[76] 宋振森．刚性钢框架梁柱连接在地震作用下的累积损伤破坏机理及抗震设计对策[D]．西安：西安建筑科技大学，2001.